南水北调中线干线京石段工程
输水运行规律分析

徐冬梅　王文川　著

U0214125

科学出版社

北　京

内 容 简 介

本书就南水北调中线干线京石段工程输水运行规律进行了分析探讨，系统研究和分析了京石段工程输水的水流波速、稳定调度状态下的过闸流量、渠道水量损失率、渠道充水规律、汛期调度规律、冰期调度规律及渠道退水规律等。本书总结了输水水流传播规律，为科学调度提供技术支撑；分析了渠道水量损失率，使制定的精确输水调度方案更有针对性；分析研究了安全合理的充水、退水、汛期、冰期输水调度规律，对确保南水北调输水工程的安全运行具有重要意义。本书具有系统性、科学性和新颖性特点。

本书可作为高等院校水文与水资源工程、水利水电工程、农业水利工程等专业的本科生和研究生的教学和科研参考书，也可为相关专业的科研人员及关心水利行业发展的读者使用，同时也可供水利管理部门的科技工作者和工程技术人员参考。

图书在版编目(CIP)数据

南水北调中线干线京石段工程输水运行规律分析/徐冬梅，王文川著.
—北京：科学出版社，2019.9
ISBN 978-7-03-060187-2

Ⅰ.①南…　Ⅱ.①徐…②王　Ⅲ.①南水北调-输水-水利工程-研究
Ⅳ.①TV682

中国版本图书馆 CIP 数据核字(2018)第 287790 号

责任编辑：姚庆爽 / 责任校对：樊雅琼
责任印制：吴兆东 / 封面设计：蓝正设计

科学出版社 出版
北京东黄城根北街 16 号
邮政编码：100717
http://www.sciencep.com

北京中石油彩色印刷有限责任公司 印刷
科学出版社发行　各地新华书店经销
*

2019 年 9 月第 一 版　开本：720×1000 B5
2019 年 9 月第一次印刷　印张：13 3/4
字数：275 000
定价：108.00 元
(如有印装质量问题，我社负责调换)

前　言

　　南水北调中线干线工程是线性工程,全长 1432km,输水线路长,地域跨度广,沿线无水量调蓄工程,调度技术难度大,目前虽然运行管理单位围绕调度技术开展了大量的研究,但成果多数尚未投入应用,有待实践检验,而国内外可借鉴的类似的输水工程调度的经验也不多。京石段工程作为南水北调中线的"实验基地、示范基地、培训基地",经过多年的通水运行,为以后全线通水运行积累了宝贵的调度运行经验和大量的第一手资料,对这些调度数据、调度规律进行量化分析和系统总结,可为中线全线调度运行提供有力的技术支撑,本研究对南水北调中线调度运行有着重要意义。

　　虽然南水北调中线干线工程京石段与其余渠段在自然条件、工程条件、输水条件等方面有所不同,但在输水运行过程中所遇到的问题基本相同,所以利用京石段运行资料分析出的输水运行规律可以为其他渠段输水调度提供有益的参考。本书的主要内容和成果如下。

　　(1)总结输水水流传播规律,为科学调度提供技术支撑。

　　通过分析各渠段长度、流量变化、闸前闸后水深以及变化时间等要素之间的关系,并以这些实测数据为样本,建立调整后的上下游节制闸的流量、水深、距离与反映时间的回归关系,以指导今后干渠运行中节制闸的调整和平稳调度。

　　(2)分析渠道水量损失率,提高输水效率。

　　渠道输水损失主要是由沿线的渗漏损失损失造成。分析研究相应阶段不同水位、流量下的损失率,对降低输水损失、制定精确的输水调度方案有重要意义。

　　(3)分析充水、退水、汛期、冰期阶段的输水调度规律,保障输水建筑物的运行安全。

　　不合理的运行方式会对输水建筑物造成不利影响,甚至破坏,尤其是在输水调度中的充水、退水期、汛期和冰期。分析研究安全合理的充水、退水、汛期、冰期输水,对确保南水北调输水工程的安全运行具有重要意义。

　　本书是对南水北调中线干线工程建设管理局委托项目"南水北调中线干线京石段工程输水运行规律的挖掘"的研究成果的基础上形成的,在编写过程中,参阅和引用了大量相关文献,在此谨向有关作者和专家表示感谢。本书能够问世,要特别感谢邱林教授、陈海涛副教授、和吉副教授,以及黄鑫、马一鸣、尹航和朱奕等研究生,他们无论是在项目的完成中还是书稿的完成中都付出了大量的工作。

　　本书的编写得到了河南省高校科技创新团队(18IRTSTHN009)、水资源高效利用与保障工程河南省协同创新中心、河南省水环境模拟与治理重点实验室（2017016）及华北水利水电大学水利工程特色优势学科建设经费的资助。

作者还要特别感谢科学出版社的同志为本书出版所付出的心血。没有他们的辛勤工作,本书就难于面世。

由于作者水平有限且部分成果内容有待进一步深入研究,书中难免存在不妥之处,恳请读者多提宝贵意见!

目　　录

第1章　绪　　论

1.1　研　究　背　景

水资源作为环境中一项非常重要的因素,在全世界范围内已经引起了广泛的关注。在 20 世纪后半叶,一些国家和地区由于用水量急剧上升,不断出现水资源危机。因此,水资源的问题被许多有关组织所重视和研究。1997 年,联合国召开了世界水会议,水资源问题也在此次会议中被提到全球战略高度来考虑。在此次会议中通过的《马德普拉塔行动计划》(Mar del Plata Action Plan)中指出:"对水资源的加速开发并井井有条管理,已成为努力改善人类经济和社会条件的关键因素,特别对于发展中国家更是如此。"在同一年,由联合国发布的一项数据显示,全球的用水量将会继续增长,并将在 21 世纪达到人口增长率的至少 2 倍。这样,在全球的某些地区,会导致长期的严重的缺水情况发生。世界主要国家水资源总量和人均占有量见表 1.1。

表 1.1　世界主要国家水资源总量和人均占有量

国家	水资源总量/亿 m³	人均水资源量/m³
加拿大	27963	95126
巴西	50496	32614
俄罗斯	42135	28894
阿根廷	6879	19657
澳大利亚	3712	17956
美国	24618	8389
日本	5137	3956
法国	1795	3108
意大利	1641	2916
中国	28124	2230
印度	17965	1901
德国	972	1143
世界总量	420190	6715

近年来,由于社会经济的快速发展和人口数量的不断增长,我国水资源问题已

渐渐地凸显出来[1]。我国国土面积约 960 万 km²,位居世界第三位;1991 年,我国的人口数量约为 11.5 亿,截至 2018 年底已接近 14 亿,是世界上人口最多的国家。由中华人民共和国水利部统计,我国的水资源主要来自于天然降水,西南、东南、东北地区降水量较为充足,这是由我国所处的季风气候区域造成的。由于太平洋中低纬度的影响,以温湿为主的气团较多地影响我国,其年平均降水总量为 6×10^{12} m³,平均降水深 657mm,而世界平均值为 189mm,亚洲平均值为 752mm。与国际上以 400mm 为干旱地区降水的标准比起来,我国的降水量显然属于比较充足的。在这些降水中,其转变又分为两部分,其中转为地下水以及地表水的为 47%,而剩余的 53% 则由地表的蒸发和植物的蒸腾消耗。我国的河流也属于较多的,全国河流由总长度 42 万 km 的大小河流组成,其中,有 50000 多条河流的流域面积达到了 100km² 以上。有 1500 多条河流的流域面积更是在 1000km² 以上。以河川径流量为代表的地表水资源约为 2.5×10^{12} m³,折合径流深 279mm,地下水资源量约 0.91×10^{12} m³,扣除地表和地下水重复计算的 0.69×10^{12} m³,水资源总量为 2.7569×10^{12} m³,总量与河川径流量相当。我国湖泊的储水总量为 0.76×10^{12} m³,其中淡水储量约占 27%,为 0.246×10^{12} m³。目前,我国的水资源状况主要有以下特点。

1) 总量多,人均占有量少

我国的淡水资源总量为 28000 亿 m³,位居世界第 6 位,平均径流深度约 284mm,为世界平均值的 90%。水资源人均占有量仅为 2200m³,约为世界人均的 1/4,位列世界 110 位,我国耕地的平均占有径流量为 28.32×10^3 m³/hm²,仅为世界平均数的 80%。所以在全世界范围内,中国的水资源总量虽然比较靠前,但是人均占有量却十分靠后。我国现在已被列为世界十三个贫水国家之一。

2) 分布不均

水资源的分布不均在我国的情况主要是分为两种:一是在空间上的分布不均,二是在时间上的分布不均。首先,从空间上来说,我国属于地质条件十分复杂多变的国家,在西部,青藏高原的海拔在 4000m 以上,是世界的屋脊;而在东部,又以平原为主,平均又是低于 200m 的海拔高程,这样就形成了由西向东逐渐下降的三级阶梯。由于这样的地形条件所致,我国的江河多以在东部地区流入大海,西北旱、东南湿的特点就是这样被造就出来的。拥有全国水资源总量 19% 的长江以北的水系,其流域面积则占到国土面积的 63.4%,而水资源仅为 4.6% 的西北内陆拥有着 35.4% 的国土面积。特别是现在占全国 35% 人口数量的黄河,海河,滦河,淮河这一地区,拥有着大量的耕地,其面积大致占全国的 37.6%,但是其拥有的水资源量却只占到全国的 7.5%。其次,在时间上,我国的水资源也存在着分布不均的情况,这主要体现在年内和年际上。年际变化大是我国河流径流量的一个主要特点,这一特点造就了我国一些主要河流的连续枯水和连续丰水年的现象。它也使得这些河流流经地区的水旱灾害频繁出现,给农业生产带来了严重的影响和不稳定性。水灾自古以来就在我国频繁发生,在公元前 21 世纪,是我国有记载的最早的洪灾。由公元前 206 年至 1949 年,在这 2155 年间共发生了 1092 次有记载的较大的洪水灾害。

3）水污染

在我国,同时还存在着水资源污染的问题。无论是水库、地下水,抑或者是江河湖泊各大水系,都面临着不同程度的污染。我国水利部在 1995 年进行的第二次全国水资源评价,显示与 1984 年相比,在这十年中近 700 条河流中都存在着污染问题,其污染段长度占到 45.6%。《2016 年中国水资源公报》对全国 23.5 万 km 的河流水质状况进行了评价,I～III 类水河长占 76.9%,劣 V 类水河长占 9.8%,主要污染项目是氨氮、总磷、化学需氧量。与 2015 年相比,I～III 类水河长比例上升 3.5 个百分点,劣 V 类水河长比例下降 1.7 个百分点。

2016 年,水利部对全国 324 座大型水库、516 座中型水库及 103 座小型水库,共 943 座水库进行了水质评价。全年总体水质为 I～III 类的水库有 825 座,IV～V 类水库 88 座,劣 V 类水库 30 座,分别占评价水库总数的 87.5%、9.3% 和 3.2%。2016 年,全国评价水功能区 6270 个,满足水域功能目标的有 3682 个,占评价水功能区总数的 58.7%。其中,满足水域功能目标的一级水功能区(不包括开发利用区)占 64.8%;二级水功能区占 54.5%。

2016 年,各流域水资源保护机构对全国 544 个重要省界断面进行了监测评价,I～III 类、IV～V 类、劣 V 类水质断面比例分别为 67.1%、15.8% 和 17.1%。主要污染项目是化学需氧量、氨氮、总磷。与 2015 年相比,I～III 类断面比例上升 2.3 个百分点,劣 V 类断面比例下降 0.8 个百分点。

2016 年,流域地下水水质监测井主要分布于松辽平原、黄淮海平原、山西及西北地区盆地和平原、江汉平原重点区域,基本涵盖了地下水开发利用程度较大、污染较严重的地区。监测对象以浅层地下水为主,易受地表或土壤水污染下渗影响,水质评价结果总体较差。2104 个测站监测数据地下水质量综合评价结果显示:水质优良的测站比例为 2.9%,良好的测站比例为 21.1%,无较好测站,较差的测站比例为 56.2%,极差的测站比例为 19.8%。主要污染指标中除总硬度、溶解性总固体、锰、铁和氟化物可能是由水文地质化学背景值偏高造成的之外,"三氮"污染情况较重,部分地区存在一定程度的重金属和有毒有机物污染。

另外,我国的水资源在综合利用方面存在不足,在水资源的总量中,可以利用的部分所占比重较小,加之综合利用率较低,使我国水资源短缺问题尤其突出。

为了缓解这一现状、促进经济发展和社会进步、改善生态环境,我国于 2002 年 12 月正式开展南水北调工程[2]。南水北调工程是我国一项举世瞩目的重大水利工程,整个工程分东线、西线、中线三条线路,分别称为东线工程、西线工程、中线工程,该工程是解决我国水资源空间分配不均的一项重大举措[3]。

南水北调中线干线京石段工程起点为石家庄市古运河枢纽进口,终点为北京市团城湖,渠线总长 307.5km。其中,河北段自石家庄市古运河枢纽开始,沿京广铁路西侧,途经石家庄市的新华区、正定、新乐,保定市的曲阳、定州、唐县、顺平、满城、徐水、易县、涞水、涿州等,穿北拒马河中支进入北京市,渠线总长 227.4km,其中建筑物长 26.3km,渠道长 201.1km,采用明渠自流输水方式,设计输水流量 20~50m³/s;北京段自北拒马河中支南开始,途经房山区、丰台区,至总干渠终点团城湖,总长 80.1km,采用 PCCP 管道和暗涵输水方式,北京段渠首设计流量 50m³/s,进城段设计流量为 30m³/s,入京流量超过 20m³/s 时,需启动惠南庄泵站加压输水。

京石段工程作为南水北调中线先期完工的项目,自 2008 年 9 月 18 日起已四次从河北省水库(岗南、黄壁庄、王快、安格庄水库)向北京应急供水,累计入京水量超过 16 亿 m³,有效缓解北京水资源紧缺的现状,对保障北京供水安全发挥了重大作用。京石段工程经过 5 年多的调度运行,经历汛期、冰期、水源切换、充水、退水等运行工况,积累了大量实测调度数据和一定的运行经验。目前,南水北调中线干线工程主体工程已完工,计划于 2014 年汛后实现中线全线通水大目标,运行管理单位正在有序推进各项通水运行工作。本项目在此背景下产生,旨在利用现代数据挖掘技术,从大量第一手京石段工程运行资料中分析总结出各种调度运行规律,为全线运行调度提供有力的技术支撑。

1.2　研究的意义及目的

南水北调中线干线工程是全长 1432km 的线性工程,输水线路长,地域跨度广,沿线无水量调蓄工程,调度技术难度大,目前虽然运行管理单位围绕调度技术开展了大量的研究,但成果多数尚未投入应用,有待实践检验,而国内外可借鉴的类似输水工程调度的经验也不多,因此,京石段工程的调度数据是当前可参考的宝贵资料。京石段工程作为南水北调中线的"实验基地、示范基地、培训基地",经过多年的通水运行,为以后全线通水运行积累了宝贵的调度运行经验和大量的第一手资料。对这些调度数据、调度规律进行量化分析和系统总结,能够为即将开始的中线全线调度运行提供有力的技术支撑,本研究对南水北调中线调度运行有着重要意义。

虽然南水北调中线干线工程京石段与其余渠段在自然条件、工程条件、输水条件等方面有所不同,但在输水运行过程中所遇到的问题基本相同,所以,利用京石段运行资料分析出的输水运行规律,可以为其他渠段输水调度提供有益的参考。因此,本项目研究的目的是:利用现代数据挖掘技术,总结京石段历年的调度运行经验,从大量第一手数据中分析出各种调度运行规律。具体如下。

(1) 总结输水水流传播规律,为科学调度提供技术支撑。

在输水运行过程中,当节制闸开度变化后,下游节制闸的闸前水位经历一段时间后才会发生相应变化。分析各渠段长度、流量变化、闸前闸后水深及反应时间等要素之间的关系,并以这些实测数据为样本,建立调整后的上下游节制闸的流量、水深、距离与反应时间的回归关系,可以指导今后干渠运行中节制闸的调整和平稳调度。

(2) 分析渠道水量损失率,提高输水效率。

渠道输水损失主要由沿线的渗漏损失造成。渗漏损失与渠道地质条件、渠道衬砌质量、内外压力差及渠道湿周等有关,而渠道衬砌、内外压力差和渠道湿周又与渠道水深直接相关,渠道水深对总干渠渗漏损失有显著影响。分析研究相应阶段不同水位、流量下的损失率,对降低输水损失、制订精确的输水调度方案有重要意义。

(3) 分析充水、退水、汛期、冰期阶段的输水调度规律,保障输水建筑物的安全。

不合理的运行方式会对输水建筑物造成不利影响,甚至会造成破坏,尤其是在输水调度中的充水、退水期、汛期和冰期阶段。分析研究安全合理的充水、退水、汛期、冰期输水,对确保南水北调输水工程的安全运行具有重要意义。

1.3　国内外相关研究现状

1.3.1　调水工程研究现状

在全球范围内的淡水资源分布是极其不均匀的,人类可以利用的水资源也是有限的。全球各大洲的降水量和径流量由于自然条件的不同而不同,大洋洲以2704mm 的多年平均降水量和 1566mm 的年径流量居于全球首位,而澳大利亚却以荒漠和半荒漠居多,降水量十分有限;南美洲的多年平均降水量和径流深是全球平均值的 2 倍;欧亚和北美地区则接近全球平均值;非洲大陆则不到全球多年平均降水量和径流深的一半,是全球最为缺水的地区。为适应全球各地区水量分布不均的问题,许多国家也都采用工程调水的方法进行水资源的调配,这也是解决和处理各个地区间水资源分布不平衡的重要手段[4-5]。根据资料统计显示,2010 年在国外已建成的调水量超过 1000 万 m^3,干渠长度超过 20km 的调水工程已有 365项,分布于全球 39 个国家,而这些工程的干线总长达到 39127.2km[6-7]。世界上建成的 160 多项跨流域调水工程主要分布在美国、加拿大、以色列等地区,如美国的加利福尼亚州水道工程、加拿大魁北克工程、以色列北水南调工程等[8]。中国已建成的调水工程有都江堰工程、引滦入津、引滦入唐工程等。其基本情况如下。

1）国内研究现状

中国是世界上修建跨流域调水工程最多的国家之一[9]。早在 2500 多年前,我国就开始跨流域调水工程的修建。早期的调水工程目标单一,多是用于农田灌溉或者航运。这些早期工程中不乏著名的水利工程。例如,在公元前 486 年开掘的用于连接淮河和长江的邗沟工程就是我国历史上最早的跨流域调水工程。公元前 360 年,李冰父子在成都平原的岷江上修建的都江堰工程是世界上一直留用至今的最古老的水利工程,它的巧妙设计使得都江堰至今依然发挥着重要的防洪灌溉功能。郑国渠修建于公元前 246 年,历经十年最终建成。它是我国历史上又一著名的调水工程,全渠总长达到 300 余里,途径冶浴水、清浴水、浊浴水、沮水、漆水等河流进入洛河。有了该工程,渭北平原上万公顷农田才得以灌溉。京杭大运河始建于春秋末期,随后经过南北朝时期及隋朝和元朝的改建,直至公元 1923 年最终建成。运河全线 1783km 并穿越钱塘江、长江、黄河、淮河及海河等流域,由其改善的运输条件极大地促进了当时社会的经济发展。

1949 年以后,我国也修建了许多跨流域调水工程[10-11]。例如,甘肃省在 1976 年修建的引大入秦工程,调水量达 4.43 亿 m^3,重点解决了 5.53 万 hm^2 受干旱影响的农业地区的灌溉问题。1982 年,我国同时修建了引滦入津、引滦入唐工程,分别解决了天津市和唐山市的水资源供应短缺问题。山东的引黄济青工程是以解决城市供水和沿途农业用水为目的修建的综合性的调水工程。该工程正式通水至今,总共引黄河水 25 亿 m^3,为青岛市供水 12.2 亿 m^3,同时也解决了沿途农业灌溉用水问题和总计 85 万人的饮水问题。南水北调则是新中国成立以来进行的最为浩大的调水工程,水利部长江水利委员会自 20 世纪 50 年代以来经过多次勘察、调研、规划及论证,最终提出东线、中线、西线三条调水线路,将长江与黄河、淮河、海河相连,使得"四横三纵、东西互济、南北调配"的总体优化配置格局得以实现。

国内对于长距离跨流域调水中节制闸的运用研究也不在少数。例如,方神光等[12-13]重点对单个典型闸门进行研究分析,探究典型闸门开度和调节速度对干渠水位和流量的影响;同时,他们还对南水北调中线干渠中闸门调度采用的时序控制进行了研究;丁志良等[14]通过一维非恒定流模型研究了节制闸闸门调节速率的不同对渠道中非恒定流水面线变化的影响;王长德等[15-16]、阮新建等[17]对渠道水力闸门控制运行的稳定问题和上游常水位自动控制渠道明渠非恒定流动态边界条件进行了研究,完善了单渠池水力自动闸门的运行控制问题。王念慎等[18]将圣维南方程组与现代控制理论相结合,提出了明渠瞬变流的等容量最优控制模型;范杰等[19]利用一维非恒定流模型考察了南水北调单个渠段的水力响应过程,研究了输水渠道流量发生改变时,水位下降速率、稳定时间与渠道运行方式、节制闸间距和流量变化时间之间的关系;章晋雄等[20]通过进行仿真试验,研究了典型年份下典型渠道的水位波动过程,探讨了影响节制闸间距选择的因素,并对节制闸间距的选取提出了建议。吴泽宇等[21]根据渠段中水位不动点的位置总结出了闸前常水位、闸后常水位、等容量、控制容量这 4 种运行方式;阮新建等[17]采用现代控制理论研究了明渠自动控制设计方法,设计了多渠段多级闸门渠道系统最优控制器。这些研究,从很大程度上帮助了我国进行跨流域长距离调水的工程建设,也为以后的调水工程研究提供了指导帮助,特别是为节制闸的选取和运用方式提供了重要的参考价值。

2) 国外研究现状

(1) 美国加利福尼亚州水道工程。

美国加利福尼亚州水道工程在 19 世纪 80 年代的美国是已建的最大规模调水工程,主要用于北水南调,调水规模约 40 亿 m³,其中 60% 的调水量为加利福尼亚州南部地区供给,可供加利福尼亚州 2/3 的人口约 2000 万人使用。

(2) 加拿大魁北克工程。

1974 年动工的加拿大魁北克工程主要以灌溉为主,发电为辅。总干渠长度 861km,引水流量 1591m³/s,多年平均调水量 251 亿 m³。

(3) 以色列北水南调工程。

以色列北水南调工程完工于 1964 年,是以色列目前为止最大水利工程。由于以色列北方水资源丰富,中南部地区干旱缺水,该工程为中南部缺水地区缓解供水压力起到了关键性作用。该工程年供水量高达 12 亿 m³。

(4) 德国巴伐利亚州调水工程。

德国巴伐利亚州总体降水量比较丰富,但由于其面积很大,空间分布存在一定差异导致南北水资源储量不同。巴伐利亚州调水工程就是为北部缺水的美因河地区调水,水源地为南部水资源丰富的多瑙河流域。巴伐利亚州调水工程平均每年可调水 1.5 亿 m³,分别通过美因—多瑙运河及阿尔特米尔渠道输送。

(5) 埃及西水东调工程。

埃及人口多、耕地少,是以农业为主的国家。由于西奈半岛缺水,其基本处于未开发状态,大量耕地被闲置,没有得到充分利用。为了改善这一发展不均衡的问题,埃及政府决定从尼罗河流域调水。埃及西水东调工程主干线 262km,可为埃及新增 380 万亩耕地,为 150 万人口解决生活用水问题。

在长距离调水方面,国外许多工程已建成并运行多年。在这些著名的长距离调水工程中,都离不开节制闸的运用。法国人在 1973 年设计了 Amil 闸门,它也是世界上首个用于控制上游常水位的闸门。同期,用于渠道水力控制的一系列闸门由法国 Neyrpic 公司研制成功。1952 年,在美国加利福尼亚州中央流域工程中,用于 Friantkem 渠道运行控制的 Little Man 三点式控制器可以有效地将闸门水位维持在目标值;为了保证在渠道流量变幅较大情况下该控制器依然可以有效使用而随之对其进行改进得到的 Little Man 两段式控制器就可以很好地保证在加大流量情况下渠道依然正常运行。在 Umattilla 流域输水工程中,微分控制被引入渠道,主要运用 P+PR(比例+比例复位)的控制算法;在下游常水位控制的 Coming 渠道控制中,Buyalski 研制的 EL-FLO plus reset(电子水位过滤器+复位)成功消除了水位波动对控制器的影响;考虑到节制闸闸门开度变化对渠道水面线具有密不可分的影响,同时为消除不确定的分水计划造成的水面扰动,Corriga 等又将最优控制概念引入到闸门控制器设计中;在渠系控制不断完善的基础上,还应配以优化的调度方案,例如,美国加利福尼亚州和中亚利桑那州等调水工程在动态规划原理的基础上建立了输水控制模型。这些在节制闸运用方面都积累了众多经验,为后续的调水工程提供了重要的参考。

1.3.2　稳定调度状态过闸流量分析研究现状

李日渺[22]首次提出 μ_0 与 e/H 的关系式呈双曲线型,主要影响因素除闸孔相对开度 e/H 外还有相对作用水头 H/HP;毛舒娅[23]认为流量系数是反应泄流能力的重要指标,正确测算泄流能力是工程设计的前提;李玲等[24]对流量系数做了数值模拟方面的一系列研究;王涌泉[25]、毛昶熙[26]等均对流量系数做了实验与研究;吴宇峰[27]对流量系数的计算做了分步研究;董文军等[28]通过对参数辨识理论的研究,推导了在一维水流方程中的糙率;李光炽等[29]通过对卡尔曼滤波的研究,来求解和河道的糙率;程伟平等[30]利用带参数的卡尔曼滤波,通过引入控制论的相关理论方法,对河道进行糙率的反演分析。

糙率的影响因素有很多,主要因素是河床的边壁材料,例如由泥沙、卵石或其他材质构成的河床、植物生长情况等,由于材料不同,河床表面的平整、光滑程度也不同。大量的研究显示,糙率与水深有关,Michael 等[31]曾证明,非均匀流速的情况下,糙率变化最大可达 23%。Nepf[32]提出了阻力系数与植物密度的关系曲线,他通过在实验室玻璃水槽中,利用三维声学多普勒流速仪与二维激光多普勒流速仪对刚性植物的阻力进行了一系列的实验;Cowan 等[33]认为,在考虑各种因子对糙率的修正与确定的方法产生影响之前,应当先考虑渠道在均匀、光滑和直线的状况下如何确定基准值;Chow[34]提出了在渠道稳定的条件下,糙率的参考值,并且 Chow 还对糙率影响不同的因子给出了不同的修正方法与范围;Strickler 等[35]建立了渠道河床是由鹅卵石与小漂石构成的糙率经验公式;张丽霞等[36]通过对松花江哨口江段的睡眠曲线进行推导与计算,提出了确定糙率值的方法,不仅河床边界的粗糙程度影响天然河流的糙率值,其他水力条件和河势也是影响天然河流糙率值的因素之一。

糙率是反应水流阻力特性的一个衡量过流壁面粗糙程度的综合性系数,可以通过曼宁公式反演糙率。许光祥[37]以水流与河床经过河道整治后的变化规律为基础,经过对整治后的河道糙率进行研究,得到糙率的近似计算方法,从而提出了糙率的近似计算公式;都建新等[38]通过对北疆调水工程的流量、水位进行分析,跟现有已掌握的渠道实际糙率作对比,从而明确糙率对渠道的输水能力、调度运营效益的发挥、科学调度等方面的意义;谭维炎[39]认为造成糙率较大的原因是在水流推进过程中,推进前锋的水深较小;何健京等[40]通过对室内模型实验的研究,得到糙率与水深、坡降的对数关系曲线;齐鄂荣等[41]对河床的糙率进行反演,是使用有线差分计算方法,并以某断面的水位在非恒定流条件下的变化为依据;姜志群等[42]依据渠道上游的流量、水位和下游各站的流量、水位,逐段率定糙率-流量关系;张小琴等[43]通过对确定糙率的方法进行总结,对修正糙率的研究进行分析,提出在研究河道糙率的时候应注意的问题与事项;佘伟伟等[44]研究了植物密度对糙率的影响关系,通过在实验室对不同密度的植物进行水槽水流淹没实验,对水位的变化进行观测,对坡降进行测算,研究河道内的植物对水流的阻力影响;袁世琼[45]对天然河道的糙率进行了分析与计算,对于恒定流条件下的渠道,采用谢才公式和曼宁公式,以渠段两端的流量和一端的水位为基础,进行反演计算,得到恒定流条件下的糙率;曾祥等[46]初步分析了混凝土渠道糙率的设计状况和实测资料,得出在施工质量较好的混凝土渠道情况下,它的曼宁糙率系数不大于 0.013;陈耀忠通过对引滦入津水利工程输水隧洞的水力糙率的观测,得出的结果显示 0.0125 为全洞的平均糙率;王光谦等[47]在对大量国内外关于输水渠道糙率的取值和计算方法的资料进行分析后,统计得出目前国内原型观测渠道的糙率介于 0.0125~0.019;杨开林等[48]通过研究渠道糙率率定误差与水力测量误差的函数关系,提出了计算渠道糙率率定误差的公式,并对南水北调中线工程京石段渠道糙率率定的误差进行了分析与计算;王开等[49]通过对国内外的大型跨流域调水工程的糙率选取进行研究,以及对南水北调中线工程的各项渠道参数进行综合考虑后,分析了南水北调中线工程总干渠的糙率选取范围对水面线和过流能力的影响;南水北调工程建设监管中心等机构在对南水北调中线工程京石段进行了一系列的糙率测试后,得出测试结果为糙率率定值介于 0.0133 和 0.0157 之间。

在 20 世纪 70 年代,随着计算机在科学计算中的广泛应用,法国在模拟明渠中的非恒定流方面取得很大的成绩。流量系数是精确计算泄流能力的前提,关系到水利工程能否安全运行,但是至今对流量系数的研究依然不够完善,以至于在确定流量系数进行泄流能力计算的时候存在较大的误差。

1.3.3 降雨特性分析研究现状

对降雨序列特性分析主要包括趋势性分析、突变性分析及周期性分析,这些分析有助于水文工作者更好地了解当地降雨序列的变化规律,预测未来年份或月份的水文特性,同时可以提高水情预报的精度。对于南水北调中线京石段工程而言,一方面,通过对项目区内降雨特性的分析可以更好地了解当年的降雨规律,结合受水区的需水情况合理地调配水资源,达到水资源合理利用的目的;另一方面,通过南水北调京石段降雨特性规律总结,可以为工程技术人员提供安全可靠的运行技术参考,对南水北调京石段工程安全运行提供保障。

1) 国内研究现状

我国水文学者在降雨序列的特性分析方面开展了众多研究,取得了很多极为有价值的研究成果。王澄海等[50]分析了我国近 50 年气温和降雨的变化特征,结果发现我国的气温和降水主要存在 3~4a 和 7~12a 两个振荡周期,3a 周期具有一定普遍性及稳定性。赵振国等[51]利用 1880~2005 年夏季降水资料对中国夏季雨带类型的年代变化特征进行分析,结果发现东部季风区和西部区存在着 20~40a 左右的年代振荡趋势。胡江玲等[52]利用艾比湖流域 6 个测站 1961~2008 年降雨资料对该地区降雨变化特性进行分析,得出极为重要的结论。栾兆擎等[53]利用三江平原地区内 18 个测站及其周围 6 个站点的实测长期数据进行气温与降水的时空变化规律分析,结果表明,50 年来当地气温呈显著上升的趋势,平均气温也呈现缓慢上升的趋势。刘惠荣等[54]利用清涧河子长站 1959~2008 年实测逐月降雨资料对该地区降雨特性进行分析,结果表明,该地区降水量年内分配不均匀系数 Cu 年代之间变化不大,降水相对集中;降水年际变化丰枯交替周期较长;整体上年降水量呈减少趋势,在 1964 年和 2005 年共发生两次突变。

2) 国外研究现状

国外对于水文时间序列的分析开展较早,一些早期研究表明,可以利用概率和统计理论对径流序列的特征进行分析。随后 Hirsch[55]于 1982 年首次提出 Mann-Kendall 法,最初用于水质的评价。该方法是一种非参数统计检验方法,被广泛应用于评估气候要素和水文序列趋势分析。Sang[56]应用最大熵谱分析法结合其他方法,对水文时间序列的周期进行分析。近些年,Singh[57]、Kumar 等[58]把最大熵谱分析法应用到水文序列分析研究、水文序列谱分析研究及水文预报分析等方面,取得了很多研究成果。Labat[59]、Schaefli 等[60]应用小波分析理论对地区降雨序列进行特性分析,得出很多重要的研究成果。

1.3.4 无资料或缺测资料地区水文研究的国内外研究现状

目前在很多国家和地区的许多流域水文站点的分布密度及对这些流域、站点所掌握的数据信息并不足以满足水科学领域研究人员的研究精度,难以完成相应模型的建立,这一问题直接影响水资源的正常管理及研究。面对这一问题,近几年水文学家大力开展无资料地区水文模型的研究以获得水文研究所需的相关数据,无资料或缺测资料地区的水文学研究越来越引起国内外学者的重视,这一领域的研究也是国际水科学领域研究的热点及难点。新的理论、新的观测手段、先进的数据处理方式及可视化技术的出现,为无资料或缺测资料地区水文科学的进一步发展提供了良好的契机。

1) 国内研究现状

我国是世界上面积最大的发展中国家,拥有 960 万 km² 的国土面积,但我国国家级的水文站点只有 4300 余个,并且分布密度极不均匀,大多分布在经济较发达、人口较多的中、东部地区,而我国西部地区水文站点分布密度极低,甚至部分流域、地区没有水文站点布设,严重影响水科学研究进展,直接导致水资源无法合理利用。因此,我国在 20 世纪 60 年代开始进行无资料地区水文研究,至今为止,已经取得了很多极为有用的研究成果,为水文工作者的研究工作提供了很多有价值的水文相关数据资料。20 世纪 60 年代,我国最早对河流水文动态类型进行全面的分类,随后一段时间,全国各省、市、自治区均开展了大规模的水文调查和研究工作,各省编制了相应的《水文图集》《水文手册》《暴雨洪水查算手册》等,为小流域或缺测资料地区水文研究发挥了积极作用,在随后的很长一段时间里,我国大力开展无资料地区的水文研究,并取得了很多相当重要的研究成果。在理论方面,著名的有 1958 年中国水利水电科学研究院陈家琦等[61]提出了洪峰流量计算公式,该公式是我国《水利水电工程设计洪水计算规范》中推荐使用的小流域设计洪水计算方法、1960~1978 年中国科学院和地方远所合作开展的小流域暴雨洪峰计算和对单位线的地区综合研究,这些理论指导为以后无资料地区的水文研究奠定了坚实的理论基础。近些年,水文学家利用各种不同水文模型对无资料地区地表径流、降雨量、洪峰流量、洪水总量等水文因素进行相关模拟,获得了很多有用的数据资料,另外,对模型进行的改进更新使其更适合我国地区及流域的研究。柴晓玲等[62-63]应用 IHACRES 模型对无资料地区地表径流进行模拟,最终获得极有价值的水文资料,并且通过与新安江模型的对比得出 IHACRES 模型模拟精度高于新安江模型,对我国无资料地区的径流模拟更为适用。刘昌明等[64]、桑燕芳等[65]、鱼京善等[66]基于 HIMS(Hydro Informatic Modeling System)系统模型研制了雅鲁藏布江流域拉萨河和尼洋河的日径流模型,并展开了模型参数移植性的研究,为稀缺资料地区径流估算提供了参考。还有些水文学者结合地理信息系统对无资料地区进行水文研究,如甘衍军等[67]应用 GIS 软件依据土地利用、土壤类型等遥感数据确定 SCS(Soil Conservation Service)模型参数,进行流域径流模拟计算,为无资料地区或资料短缺地区的径流模拟提供了一种有效的方法。张建云等[68]应用 GIS 由流域的地理信息中提取模型参数,进行无径流资料流域径流模拟,并将该方法应用到爱尔兰 Dodder 河上,取得了良好的模拟效果,证明该方法真实可靠,完全可以用在无径流资料流域径流模拟方面。

2) 国外研究现状

20 世纪 60 年代中期,国际水文学者对实验性流域和代表性流域进行深入研究,为无资料地区的水文研究的发展奠定了良好的基础。美国地质调查局在 70 年代根据各地的实测资料建立了各地统计计算方程式,为无资料地区水文频率计算提供了理论基础。澳大利亚水资源委员会于 20 世纪 70 年代初资助了专门针对小流域或是缺测资料地区径流模拟预报的研究项目,目的是对有观测设备地区建立水文模型,并将该模型应用于缺测资料地区,但是由于当时对水文过程的认识有限,水文模拟达不到预期的目标。无因次单位线是无资料地区由暴雨推求洪水的一种常用方法,该方法最早由康门斯[69](Commons)于 1942 年提出,后被许多学者在不同领域进行了研究和应用。夏克(Schake)1967 年使用巴的摩尔地区 20 个测站资料对合理化公式进行检验,并提出由流域物理特性计算径流系数和降雨强度的经验公式。随着无资料地区水文研究的不断完善与发展,2003 年国际水科学协会于日本正式启动了 PUB 计划,主席分别是著名水文学家美国 NOAA 气象局的 Schaake 教授和澳大利亚西澳大学 Sivapalan 教授,随着 PUB 计划的正式实施,国际无资料地区水文研究进入了一个崭新的时代,相信在以后的时间里对于无资料或缺测资料地区的水文研究将会取得更为丰硕的研究成果。

1.4　研究内容与方法

1.4.1　水流波速分析

水流波速分析是研究当某一节制闸进行开度调节后(增大或减小),该节制闸及下游节制闸的闸前水位发生变化的时间规律。当节制闸开度变化后,一般该节制闸前水位及下游节制闸的水位均会发生相应变化,但会经历一段时间后才可能反映出来,此时间的长短对于后续节制闸的调整频次有重要影响。

我国北方地区自 1999 年起出现连续干旱,北京的密云水库可供应水量仅为 3.3 亿 m^3,已经对北京市的正常用水造成一定影响。南水北调京石段工程的通水任务主要是将河北省的三大水库(即黄壁庄水库、岗南水库、王快水库)的水安全平稳地送入北京市,以满足北京的用水需求。作为串联水库的黄壁庄和岗南水库在联合调蓄后,从黄壁庄水库开始放水,在经过石家庄到天津的干渠后进入中线总干渠。而沙河干渠及其连接工程则负责将王快水库的水量送入总干渠。

京石段供水工程调度的典型特征主要在于其调水距离相对较长;整个线路中控制站点相对较多并且分布很广;最为重要的是,要求京石段工程实行不间断供水,这样使得京石段工程的调度控制变得更为复杂。如果渠道内水位骤升或骤降,会引起渠堤滑坡的出现,并且对渠道内的衬砌造成一定的破坏;严重时可能导致漫堤的情况出现,影响工程安全。所以这就要求我们在运行调度过程中对节制闸进行有效的控制,避免失误的出现,从而保证渠道内水位的稳定,以及整个调水过程的平稳有序,做到安全可靠的优质运行调度。研究内容如下。

（1）通过对我国水资源状况的了解及对水资源短缺和分布不均问题的认识，对南水北调京石段工程的必要性展开综合的论述。在对调水工程的规律研究过程中，了解目前已有的节制闸研究现状。

（2）分析南水北调京石段工程的基本概况，了解京石段工程线路布置、工程任务、工程内容及建设情况。重点分析南水北调京石段第一次和第二次通水数据并对通水情况进行评估。分析南水北调京石段工程研究渠段的范围及渠段上节制闸的基本情况。

（3）通过对明渠非恒定流特性的理论研究，了解明渠非恒定流的基本定义及其相关的理论研究；对明渠非恒定流的基本特征、明渠非恒定流波的分类及其特性等方面进行相关研究。

（4）对节制闸调节引起的水力响应过程进行分析研究，对渠道水力响应的一般过程即影响因素进行分析，确定渠道正常状态下水力响应过程的主要影响因素；重点分析单个节制闸调节引起的水力响应过程特征和多个节制闸联合运用调节引起的水力响应过程特征。

研究方法如下。

根据历史调度数据，分析筛选京石段历年来参与调度的节制闸、上下游相邻节制闸的距离、节制闸门调节前的流量、调整后的流量、相邻节制闸的水深，以及调整后水位发生变化的时间等信息，采用现代数据挖掘技术建立调整后的上下游节制闸的流量、水深、距离与反映时间的回归关系，并建立单个节制闸的调整流量、水深与该闸水位发生反映的时间的函数关系。技术路线图见图 1.1。

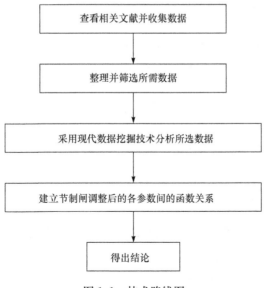

图 1.1　技术路线图

1.4.2　稳定调度状态过闸流量分析

京石段自 2008 年开始运行共通水四次,其中第四次通水实测流量数据较为充足(放水河节制闸、坟庄河节制闸、北拒马河节制闸、沙河引水闸等四座水闸有实测流量资料),故本次对于流量系数的研究选取第四次通水上述四闸数据进行稳态调度分析研究;渠段糙率研究选取漠道沟节制闸—放水河节制闸渠段、放水河节制闸—蒲阳河节制闸渠段、北易水节制闸—坟庄河节制闸渠段三段进行分析研究。

稳定调度状态分析研究内容包括:①在恒定流情况下,确立闸门开度、上下游水位与流量三者之间的函数关系。②率定渠道实际糙率。另外,根据放水河节制闸—岗头节制闸—坟庄河节制闸的实测流量资料进行水量平衡分析,从分析结果发现,该区间存在水量不平衡的错误现象,本节报告对出现该现象的原因给出了剖析。

流量系数具体研究方法:①统计闸门开度、上下游水位与流量数据;②利用最小二乘法率定闸孔出流公式中的流量系数;③利用神经网络构建闸门开度、上下游水位与实测流量之间的权矩阵;④利用已知数据对上述两种方法构建的模型进行检验并得出结论。

渠段糙率具体研究方法及内容:①统计渠段的断面水位、渠底高程、边坡系数、比降及流量数据;②利用最小二乘法率定明渠均匀流公式中的糙率;③利用神经网络构建糙率、断面水深与实测流量等数据之间的权矩阵;④利用已知数据对上述两种方法构建的模型进行检验并得出结论。

主要关键技术如下。

(1) 通过运用最小二乘法、BP(Back Propagation)神经网络法这两种回归方法分析京石段第四次通水放水河节制闸、坟庄河节制闸、北拒马河节制闸、沙河引水闸数据,可得出闸门开启程度、流量系数与水头具有相应的函数关系。

(2) 利用上述两种回归方法分析漠道沟节制闸—放水河节制闸渠段、放水河节制闸—蒲阳河节制闸渠段、北易水节制闸—坟庄河节制闸渠段三个渠段的渠段糙率。

(3) 通过对计算结果的合理性评价,对比两种回归分析方法的优劣。

技术路线图见图 1.2。

1.4.3　渠道输水损失率分析

渠道输水损失率分析是研究不同阶段(包括正常运行阶段、冰期运行阶段和汛期运行阶段)渠道的输水损失率,建立各阶段输水损失率与其影响因素的关系。研究的基本原理是水量平衡原理。

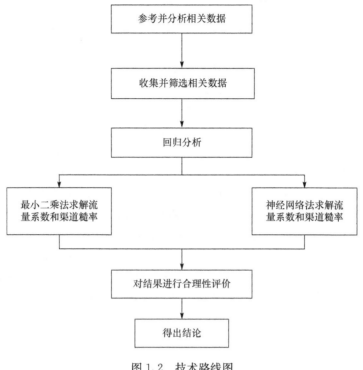

图 1.2 技术路线图

1.4.4 充水阶段规律分析

本书分析了不同充水方式的优缺点、计算统计了充水过程中水流反映时间,总结了充水阶段的经验与规律。具体方法是:首先统计出京石段历次通水的数据;其次分析每次通水时各节制闸的状态,是关闭还是全开,以此分析工程是逐个渠道充满水后再开始供水,还是有一定的水深后即供水,在后续过程中在逐步抬高水位;再次分析在逐段充水情况下,各节制闸开启时的水位;最后分析不同流量下,不同长度渠段水流到达各节制闸的时间。

1.4.5 汛期调度阶段规律分析

汛期调度阶段规律分析的主要工作内容:一是分析降水对调度的影响;二是分析汛期调度的原则。本书是以"南水北调中线干线京石段输水运行规律挖掘"项目为依托,基于无资料地区水文问题研究方法,主要对南水北调京石段项目渠道内降雨特性进行分析,总结降雨发生的一般规律,通过计算渠道内设计暴雨进而总结发生不同频率暴雨时渠道内水位的变化情况,总结京石段在四年实际通水期间受降雨影响渠道内水位的变化规律,通过上述规律的总结为工程的安全运行提供有效保障。主要开展的工作如下。

（1）在查阅国内外大量文献的基础上，总给了地区降雨特性分析方法、无资料或缺测资料地区设计暴雨计算方法。

（2）对比各分析方法的特点，确定将要采用的方法，为计算奠定理论基础。

（3）通过搜集资料及文献，选取石家庄市及邢台市 1951～2013 共 63 年实测降雨资料，将该降雨序列直接移用到南水北调中线京石段项目的分析研究中。

（4）利用搜集到的石家庄市及邢台市降雨资料分别进行趋势性及突变性研究，若存在趋势项或突变项，则需剔除后进行后续工作。对石家庄市及邢台市 63 年降雨资料进行周期性分析，主要分析方法为快速傅里叶变换周期分析法、最大熵谱分析法；小波周期分析法。对上述方法计算得出的周期进行分析比较，最终得出两测站 63 年降雨周期。将上述结论移用到南水北调京石段项目的降雨特性分析研究中，总结南水北调中线京石段工程区内降雨特性变化规律。

（5）结合《河北省暴雨图集》对南水北调京石段项目区内的设计暴雨进行计算，并将不同频率设计暴雨进行 24 小时雨量分配，在上述计算结果的基础上，当项目区内发生不同重现期降雨时，初步确定渠道内水位的上涨及渠道内应达到的控制水位，为工程技术人员提供有力支撑。

（6）参考工程运行日报记录，对项目渠道内实际发生不同程度降雨时水位的变化情况进行分析研究，总结南水北调中线干线京石段项目汛期输水运行规律，为以后工程通水运行提供可靠的技术支撑。

（7）根据（4）中降雨序列特性分析结果及发生暴雨时渠道内水位变化规律，对南水北调京石段输水运行期间渠道内水位的变化规律进行总结，了解渠道内发生一般降雨甚至暴雨时渠道水位的变化规律，为工程运行期间的防汛工作提供理论支持。

（8）总结在汛期京石段的调度规律，包括水位的高低、调度的策略，如在沿线普降大雨、水位普遍升高情况下，应首先根据工程的特性（高填方、深挖方）和渠段蓄水能力进行调节，其次视情况减少入渠水量，紧急情况可能要开启退水闸。

（9）对南水北调中线干线京石段汛期调度的计算结果进行总结，对所存在的问题提出合理化建议，对以后的研究方向进行展望。

技术路线图见图 1.3。

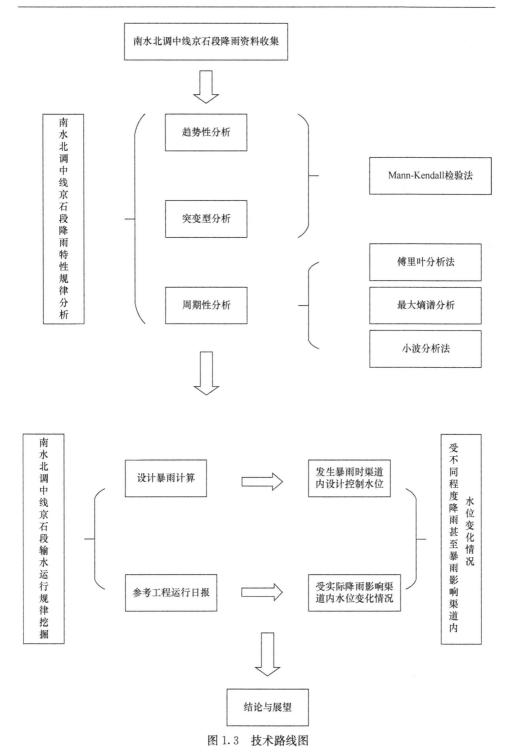

图 1.3 技术路线图

1.4.6　冰期调度阶段规律分析

冰期调度阶段规律分析的主要工作是,统计分析京石段冰凌形成规律、总结渠道流冰期、冰盖形成期,以及融冰期间水位、流速等变化规律及输水调度规律。

具体研究方法是:统计各渠段冰凌形成规律、冰期的各个阶段水位的变化、流速的大小及流态,通过计算各渠段的弗劳德数分析冰期运行的流态,总结冰期渠道水位控制的原则。

1.4.7　退水阶段规律分析

如何顺利结束供水任务,将渠道存蓄水量全部逐步退至北京,不仅涉及水资源的充分利用而且关系到工程本身的安全。退水阶段规律分析的主要工作是:根据近5年的调度资料选择出退水阶段;总结退水阶段水位降幅的约束;根据5年的退水调度实践和经验,总结此阶段调度策略。

第2章 研究工程概况

2.1 京石段应急供水工程实施背景

北京作为我国的首都,处于海河流域,是一座人口密集型城市,同时也是水资源短缺的特大城市,人均水资源占有量不到全国人均水资源占有量的 10%,是世界人均水资源占有量的 3%,远远低于国际公认的人均水资源的下限,与其他 120 多个国家和地区的首都及主要城市相比,更是排在末位。北京的人口与环境之间的矛盾十分突出,水资源污染状况非常严重。北京现行的水资源开发利用存在以下问题。

(1) 供需矛盾严重。

随着社会经济的发展,北京是全国的经济文化中心,20 世纪 70 年代之后,水资源短缺成为制约北京可持续发展的重要因素之一。其中人口的急剧增长、经济的快速发展导致需水量越来越大,但北京的入境水量却越来越少。北京水资源供需矛盾越来越严重,若没有新水源的注入,随着时间的推移、生活水平的提高、社会经济的发展,水资源的供需矛盾将会更加尖锐。

(2) 地下水开采超量。

20 世纪 80 年代,北京市地下水的开采量一直呈现稳步上升的态势,进入 90 年代后,地下水的开采量相对稳定。据统计,2000 年北京市平原区地下水可开采量约为 24.55 亿 m^3/年(不包括延庆盆地),2000 年地下水系统水均衡为－7.73 亿 m^3,地下水位平均下降 1.53m。不能把地下水的补给量作为我们日常生活生产中的可利用水量。当地下水开采量大于地下水可开采量时,将会引起一系列环境问题,如水质变差、地下水污染问题加剧、地面沉降、水井被报废等。

(3) 水资源污染严重。

水质是否达标是水资源开发利用过程中的重要标准之一,是水资源能否发挥效益不可缺少的条件。在北京现有被监测的 80 条河段中,超半数的河流都受到了污染,其中 1/8 是重度污染,1/4 是严重污染。水资源的污染问题,严重影响了国民经济的发展。

(4) 中水利用程度不高。

中水是指被污染的水经过处理后成为可被利用的合格水源。提高中水的利用程度,可以有效缓解北京现在的水资源供需矛盾,是当下水资源合理利用的一项必需过程,是改善北京环境与用水需求的重要任务。

(5) 水资源价格体系不合理。

水价调控是水资源管理最有效的经济手段之一,合理的水价不仅可以减少水资源的浪费,还能够促进水资源的合理配置,有利于实现水资源的可持续利用。合理的水价,既可以保障水利工程的正常运行,回收供水成本,又能够促进地区各用水户的节约用水、提高用水效率,并可以优化水资源在各部门行业之间的配置,利用有限的水资源,将社会的综合效益最大化[70]。

南水北调京石段工程,极大地缓解了北京的水资源短缺,维护了水资源供需平衡。南水北调中线工程,从长江最大支流汉江中上游的丹江口水库东岸岸边引水,自流到北京颐和园的团城湖。供水范围主要是唐白河平原和黄淮海平原的西中部,供水区总面积约 15.5 万 km²,工程重点解决河南、河北、天津、北京 4 个省市,沿线 20 多座大中城市生活、生产用水及沿线地区的生态环境和农业用水的问题。

2.2　京石段工程基本概况

2.2.1　工程线路布置

经过对我国地势、山脉水系及水资源分布的研究,加上社会的经济基础和发展趋势的影响,南水北调工程总体规划线路分为三条,即东线工程、中线工程、西线工程。图 2.1 为南水北调工程总体布局图。

1) 东线工程

南水北调东线工程水源地为长江下游扬州附近,经由京杭大运河输水。中途经过南四湖、骆马湖、洪泽湖,最后出东平湖。之后,输水线路分为两条:一条向北经过在位山附近修建的黄河倒虹吸隧洞穿越黄河,借由南高北低的黄河以北地势格局自流至天津,总长约 1156km;另一条线路则向东经过胶东地区,最后输向山东半岛,为威海和烟台地区输水,线路总长约 701km。经由东线工程输水的天津、山东半岛、河北及江苏地区的城市、工业、农业及其他用水可得到有效补充。

2) 中线工程

中线工程是南水北调工程中十分重要的输水线路,也是工程复杂的水资源系统。它的组成主要包括两大部分:水源区工程和输水工程。其中,丹江口后期建设和汉江中下游的补偿工程组成了中线工程的水源区工程。输水工程从丹江口水库引水,经过太行山脉及伏牛山脉的山前平原修建渠道输水。途中跨越长江流域、淮河流域、黄河流域及海河流域。整条线路经自流在郑州西部由穿黄工程穿过黄河,向天津和北京市输水。

中线工程水质相对较好,不仅可以保证水量,而且工程覆盖面积较大,供水区

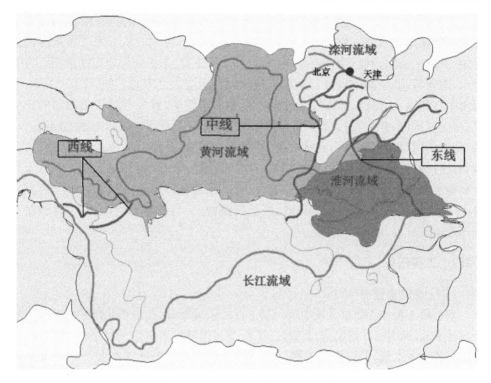

图 2.1　南水北调工程总体布局图

面积约 15.5 万 km²,由其自南向北自流可重点解决河南,河北及北京、天津等城市的生活用水和农业灌溉用水需要。工程建成后近期可有效地向北京调水 12 亿 m³,向天津调水 10 亿 m³,向河南、河北分别调水 38 亿 m³ 和 35 亿 m³。由此,中线工程不但可以缓解华北地区的缺水状况,还能有效推动中部地区经济发展。

3) 西线工程

西线工程位于青藏高原东南部,海拔在 3000~5000m,它的主要方案可以概括为"三江联调",即为补充黄河水资源的不足,从位于长江上游的通天河及雅砻江,还包括大渡河的上游源头这三方面来调水并输向黄河上游,由此保障调水工程的需求。从长远角度来考虑,位于长江上游的金沙江、怒江和澜沧江,以及雅鲁藏布江在内的几条江河也都在调水工程的范围之内,由此足以促成由通天河、大渡河、怒江、澜沧江、雅砻江的"五江联调"系统。

借由西线调水工程,不但可以保证黄河水的补充,还可以为青海、甘肃、宁夏、内蒙古、陕西、江西在内的西北及部分华北地区缓解水资源的短缺,从而促进西北地区的经济发展和改善西北黄土高原长期以来的不良生态环境。

由这三条线路合理规划后的供水范围,既可以形成相互补充,又可以安全经济地为北方地区解决供水问题。

南水北调京石段工程起点为河北省石家庄市古运河枢纽进口,终点为北京市颐和园团城湖,工程线路总长度为307.46km。其中,河北段从石家庄古运河枢纽开始,沿京广铁路西侧,途经石家庄市的新华区、正定、新乐和保定市的曲阳、定州、涞水、涿州等12个县(市、区),穿北拒马河中支后进入北京市,总长227.34km,采用明渠自流输水方式。北京段从北拒马河中支南开始,首先经过房山山前的丘陵区,房山城区西、北关,过大石河、小清河、永定河,穿丰台西铁路编组站北端进入市区,从卢沟桥以东穿越京石高速公路,由岳各庄向北沿西四环路北上与西长铁路线、五棵松站地铁、永定河引水渠相交,至总干渠终点团城湖,总长80.12km,采用管涵输水方式。北京段总干渠共穿越大小32条河流及京石高速、西四环、西五环等12条公路,并且穿越京广铁路线、西长铁路线、丰台铁路编组站等11处铁路及五棵松地铁一处。

2.2.2　工程任务

1)应急供水任务

京石段工程作为南水北调中线一期工程的组成部分,在南水北调中线一期工程全线通水前,利用河北省岗南、黄壁庄、王快等水库的调蓄水量,视北京缺水情况,联合调度各水库水量,经连接段工程、京石段工程,向北京市应急供水[71]。在北京市的应急供水预案中,南水北调京石段应急供水工程是一项十分重要的措施[72]。

根据有关方面的协商结果,北京市于2008年9月20日开始从河北省调水3.0亿m³(水库放水量)。临时通水的任务就是尽量利用京石段应急供水工程现有设施并进行适当的完善,将岗南、黄壁庄和王快水库的3亿m³水按北京市的需水要求,安全、适时送入北京。供水流量按惠南庄泵站最大自流流量和临时埋管过流能力控制,不同时段调水流量根据供水计划确定。

按照2008年7月29日水利部会议精神,北京市水务局根据北京市用水情况及水利部海河水利委员会《南水北调中线京石段应急供水水量调度方案》,编制了京石段应急供水工程用水需求计划。北京市南水北调工程建设委员会办公室于2008年8月18日以《关于南水北调京石段工程应急调水期间北京市需水计划的函》(京调办函〔2008〕51号)将用水需求计划报送中线干线工程建设管理局和河北省水利厅。京石段应急供水工程北京市用水需求计划见表2.1。

表2.1　北京市用水需求计划表

时间	天数/d	流量/万 m³	日供水量/万 m³	总供水量/万 m³
9月29日~10月5日	7	10	86	602
10月6日~12月31日	87	16.6	143	12441
1月1日~3月20日	79	14	121	9559

2) 中线一期工程基本任务

南水北调中线一期工程建成通水后,京石段工程担负向北京市,河北省石家庄、保定、廊坊、衡水等城市和天津市供水的任务。其中,中线一期工程陶岔渠首的规模为 300m³/s,过黄河规模为 250m³/s,可向北京及天津地区输水 10 亿 m³;由清泉沟向南部输水的规模可达到 100m³/s,由此可向湖北地区输水 11 亿 m³。京石段应急供水线路简图见图 2.2。

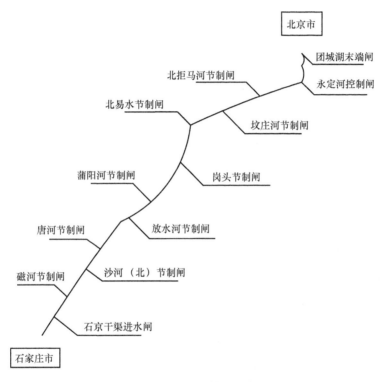

图 2.2　京石段应急供水线路简图

2.2.3　工程内容及建设情况

河北段工程起止点设计水位与设计流量分别为 76.408m、220m³/s 和 60.300m、50m³/s,总水头差 16.108m,其中水闸工程 124 座、涵洞工程 15 座、倒虹吸工程 94 座、渡槽工程 39 座、跨渠桥梁 243 座,见表 2.2。

表 2.2 河北段工程类型统计表

项目		单位	数量	备注
渠道工程		km	201.05	含控制闸和建筑物进、出口检修闸
水闸工程	节制闸	座	78	
	退水闸	座	11	
	分水口	座	13	
	渠渠交叉	座	22	
涵洞工程	涵洞	座	6	
	隧洞	座	7	
	暗渠	座	2	
倒虹吸工程		座	94	
渡槽工程		座	39	
桥梁	交通桥	座	131	
	生产桥	座	112	
供电工程		km	227	35kV 高压输电线路
		座	60	降压站

河北段总干渠及交叉建筑物工程自 2003 年年底正式开工,由于工程征地移民方面的原因,实际开工建设时间比原计划开工时间晚近 4～6 个月;交通桥、生产桥的位置规模等需要与相关方面协调,因此审批工作滞后,工程建设不能按时完工,至 2008 年 2 月,大型河渠交叉建筑物主体工程已基本完工,渠道混凝土衬砌施工任务约完成 60%,河北段 131 座交通桥开工 125 座;109 座生产桥开工 106 座。到 2008 年 4 月底,渠道衬砌、已开工的交通桥和生产桥施工基本完成。原计划为满足 4 月 30 日通水要求需要采取临时措施的 16 座交通桥中,8 座交通桥临时埋涵管及另 5 处临时绕行道路基本完工,其他 3 处交通桥通过赶工措施基本具备通车条件。6 月份以后,由于临时通水时间调整,经过建设单位努力,原已采取临时埋管措施的北贾村交通桥建成通车,相应的临时管涵具备拆除条件,为改善临时通水条件,2008 年 8 月,对该处临时埋管进行了拆除。临时通水期间共有 7 处临时埋管参与运行。

北京段工程起止点设计水位与设计流量分别为 60.300m、50m³/s 和 49.080m、30m³/s,总水头差 11.220m,其中水闸工程 19 座、涵洞工程 6 座、倒虹吸工程 1 座、泵站 1 座、PCCP 工程 56.4km,见表 2.3。各段包含的主要建筑物具体情况如下。

(1)北拒马河至惠南庄段包括北拒马河暗渠、渠首节制闸、退水闸、退水暗涵和退水明渠;惠南庄泵站。

（2）惠南庄至大宁调压池段包括 PCCP 管道、西甘池隧洞、崇青隧洞；房山、燕化、良乡、王佐、长辛店分水口，3 处连通井，末端检修阀井，101 处空气阀井，2 处事故检修井，19 处排空井；大宁调压池。

（3）大宁调压池至团城湖包括永定河倒虹吸、进水闸、退水闸及退水涵渠，2 处通气孔，2 处排空井；卢沟桥暗涵，5 处空气阀井，4 处通气孔，1 处排空井；西四环暗涵、出口闸，新开渠分水口，永引渠分水口，第三水厂分水口，3 处空气阀井，11 处通气孔，1 处调压井，2 处检修井；团城湖明渠、金河倒虹吸、团城湖闸、团城湖明渠分水口。

应急供水工程（北京段）总干渠分为十个单项工程：北拒马河暗渠、惠南庄泵站、惠南庄—大宁调压池段输水管道（PCCP）、崇青及西甘池隧洞、大宁调压池、永定河倒虹吸、卢沟桥暗涵、西四环暗涵、团城湖明渠、铁路及地铁交叉工程。北京段输水工程施工已基本完工，具备通水条件。

表 2.3　北京段工程类型统计表

项目		单位	数量	备注
渠道工程		km	2.88	团城湖明渠、退水明渠
PCCP 工程		km	56.4	
泵站工程		座	1	
水闸工程	节制闸	座	3	
	退水闸	座	2	
	分水口	座	10	
	连通井	座	3	
	阀井	座	1	
涵洞工程	涵洞	座	1	
	隧洞	座	2	
	暗渠	座	1	
	暗涵	座	2	
倒虹吸工程		座	1	
防洪堤、导流堤		座	5	
调压池		座	1	
供电工程		km	92	110kV、10kV 高压输电线路

2.3　工程通水情况

自 2008 年应急供水至今，京石段已累计向北京四次紧急供水，本节重点以前两次通水数据为依据,分析前两次通水情况。

2.3.1　第一次通水情况

第一次通水共 11 座节制闸参与调度,主要为磁河节制闸至团城湖节制闸。这 11 座节制闸将京石段工程分为 9 个渠段,见表 2.4。

表 2.4　第一次通水京石段工程渠道分段表

序号	起点	止点	长度/km	型式	备注
1	磁河节制闸	沙河(北)节制闸	15	明渠	
2	沙河(北)节制闸	唐河节制闸	39	明渠	其间漠道沟闸不参与调度
3	唐河节制闸	放水河节制闸	26	明渠	
4	放水河节制闸	蒲阳河节制闸	13	明渠	
5	蒲阳河节制闸	岗头节制闸	27	明渠	
6	岗头节制闸	北易水节制闸	46	明渠	其间瀑河闸不参与调度
7	北易水节制闸	坟庄河节制闸	15	明渠	
8	坟庄河节制闸	北拒马河节制闸	25	明渠	
9	北拒马河节制闸	永定河控制闸	59	明渠＋有压管	
合计			265		

根据相关资料,在第一次通水期间,2008 年 9 月 28 日以后为正常输水阶段。京石段工程冰期输水时段为 12 月中旬至次年 2 月底。

本次评估根据第一次通水的调度运行数据,统计正常输水阶段各节制闸实测最高闸前水位、最大计算流量(冰期、非冰期分别统计),并与第一次通水的设计流量和设计水位进行对比分析,结果见表 2.5。

表 2.5　第一次通水水位、流量对比分析

序号	名称	设计流量 /(m³/s)	设计水位 /m	正常输水阶段 最高闸前水位、最大计算流量				最高闸前水位、最大计算流量— 设计水位、设计流量			
				非冰期		冰期		非冰期		冰期	
				流量/ (m³/s)	水位/ /m	流量/ (m³/s)	水位/ /m	流量/ (m³/s)	水位/ /m	流量/ (m³/s)	水位/ /m
1	磁河节制闸	165	73.88	14.49	73.65	12.16	73.90	−150.51	−0.23	−152.84	0.02
2	沙河(北)节制闸	165	72.57	15.81	71.54	14.06	71.75	−149.19	−1.03	−150.94	−0.82
3	唐河节制闸	135	70.49	24.33	69.98	12.57	69.83	−110.67	−0.51	−122.43	−0.66
4	放水河节制闸	135	69.44	23.28	68.85	13.19	68.28	−111.72	−0.59	−121.81	−1.16
5	蒲阳河节制闸	135	68.64	23.33 (84.50)	68.66	13.72	67.34	−111.67	0.02	−121.28	−1.30

续表

序号	名称	设计流量 /(m³/s)	设计水位 /m	正常输水阶段 最高闸前水位、最大计算流量				最高闸前水位、最大计算流量— 设计水位、设计流量			
				非冰期		冰期		非冰期		冰期	
				流量/ (m³/s)	水位 /m	流量/ (m³/s)	水位 /m	流量/ (m³/s)	水位 /m	流量/ (m³/s)	水位 /m
6	岗头节制闸	125	65.99	22.75	65.83	12.24	65.84	−102.25	−0.16	−112.76	−0.15
7	北易水节制闸	60	62.84	22.77	62.91	13.62	63.11	−37.24	0.07	−46.39	0.27
8	坟庄河节制闸	60	62.00	22.66	61.52	11.46	61.47	−37.34	−0.48	−48.54	−0.53
9	北拒马河节制闸	50	60.30	22.88	60.48	10.00	60.52	−27.12	0.18	−40.00	0.22

经分析,冰期、非冰期的实测最高闸前水位与设计水位的差值在−1.30～0.27m,表明京石段工程大部分渠段运行水位未达到设计水位,少部分渠段运行水位达到或超过设计水位;最大流量均小于设计流量。

2.3.2 第二次通水情况

第二次通水共9座节制闸参与调度,它们分别为:磁河节制闸、漠道沟节制闸、蒲阳河节制闸、岗头节制闸、北易水节制闸、坟庄河节制闸、北拒马河节制闸、永定河控制闸、团城湖节制闸。这9座节制闸将京石段工程分为9个渠段,见表2.6。

表 2.6　第二次通水京石段工程渠道分段表

序号	起点	止点	长度/km	型式	备注
1	古运河节制闸 滹沱河节制闸	滹沱河节制闸 磁河节制闸	32	明渠	滹沱河节制闸不参与调度
2	磁河节制闸 沙河(北)节制闸	沙河(北)节制闸 漠道沟节制闸	34.7	明渠	沙河(北)节制闸不参与调度
3	漠道沟节制闸 唐河节制闸 放水河节制闸	唐河节制闸 放水河节制闸 蒲阳河节制闸	48.1	明渠	唐河节制闸不参与调度
4	蒲阳河节制闸	岗头节制闸	27.1	明渠	
5	岗头节制闸 西黑山节制闸 瀑河节制闸	西黑山节制闸 瀑河节制闸 北易水节制闸	45.5	明渠	西黑山、瀑河节制闸不参与调度
6	北易水节制闸	坟庄河节制闸	14.7	明渠	
7	坟庄河节制闸	北拒马河节制闸	25.4	明渠	
8	北拒马河节制闸	永定河控制闸	58.6	明渠＋有压管	
9	永定河控制闸	团城湖节制闸	21.3	管涵	
合计			307.4		

根据相关资料,在第二次通水期间,2010 年 6 月 23 日以后为正常输水阶段。京石段工程冰期输水时段为 12 月中旬至次年 2 月底。

本次评估根据第二次通水的调度运行数据,统计正常输水阶段各节制闸实测最高闸前水位、最大计算流量(冰期、非冰期分别统计),并与第二次通水的设计流量和设计水位进行对比分析,结果见表 2.7。

表 2.7　第二次通水水位、流量分析

序号	名称	设计流量 /(m³/s)	设计水位 /m	正常输水阶段 最高闸前水位、最大计算流量				最高闸前水位、最大计算流量— 设计水位、设计流量			
				非冰期		冰期		非冰期		冰期	
				流量/ (m³/s)	水位/ m	流量/ (m³/s)	水位/ m	流量/ (m³/s)	水位/ m	流量/ (m³/s)	水位/ m
1	磁河节制闸	165	73.88	17.66	73.46			−147.34	−0.42		
2	漠道沟节制闸	135	71.32	20.17	70.38			−114.83	−0.94		
3	放水河节制闸	135	69.44			15.48	69.34			−119.52	−0.10
4	蒲阳河节制闸	135	68.64	43.01	67.63	17.36	67.29	−92.00	−1.02	−117.64	−1.36
5	岗头节制闸	125	65.99	29.73	65.51	37.92	65.41	−95.27	−0.48	−87.08	−0.58
6	北易水节制闸	60	62.84	19.27	62.59	17.64	62.68	−40.73	−0.25	−42.36	−0.16
7	坟庄河节制闸	60	62.00	19.15	61.43	13.83	61.47	−40.85	−0.57	−46.17	−0.53
8	北拒马河节制闸	50	60.30	21.57	60.26	16.60	60.47	−28.43	−0.04	−33.40	0.17

经分析,冰期、非冰期的实测最高闸前水位与设计水位的差值在 −1.36～0.47m,表明京石段工程大部分渠段运行水位未达到设计水位,少部分渠段运行水位达到或超过设计水位;最大流量均小于设计流量。

2.3.3　通水情况评估

第一次通水采用闸前常水位运行方式进行输水控制,《京石段工程 2008 年临时通水运行实施方案》制定了 11 座参与调度节制闸的目标控制水位,以实现安全输水的目标。并制定了正常运行时的约束条件,其中一条约束条件为:"在流量变化的过渡过程中,水位可短时间超过控制水位,但不能高于警戒水位(暂定为设计水位以上 0.5m),并尽快达到控制水位。"第一次通水,节制闸闸前目标控制水位见表 2.8。

表 2.8　第一次通水节制闸闸前目标控制水位表

序号	名称	桩号	流量/(m³/s)	闸前水位/m			较设计水位降低/m	
				设计水位	非冰期目标水位	冰期目标水位	非冰期	冰期
1	磁河节制闸	31+965	0~17	73.88	72.39	73.66	1.49	0.22
2	沙河(北)节制闸	47+142	0~17	72.57	71.26	71.46	1.31	1.11
3	唐河节制闸	75+929	0~17	70.49	68.81	69.61	1.68	0.88
4	放水河节制闸	101+626	0~17	69.44	67.85	68.05	1.59	1.39
5	蒲阳河节制闸	114+824	0~17	68.64	66.8	67	1.84	1.64
6	岗头节制闸	141+922	0~17	65.99	65.52	65.72	0.47	0.27
7	北易水节制闸	187+392	0~17	62.84	62.32	62.84	0.52	0.00
8	坟庄河节制闸	202+097	0~17	62	61	61.2	1.00	0.80
9	北拒马河节制闸	227+470	0~17	60.3	60.3	60.3	0.00	0.00
10	永定河控制闸	286+128	0	55.97	59.9	59.9		
			10		58.51	58.51		
			12		57.94	57.94		
			14		57.26	57.26		
			15		56.89	56.89		
			16.6		56.48	56.48		
11	团城湖节制闸	307+441	0~17	48.69	48.69	48.69	0.00	0.00

根据相关资料,在第一次通水期间,2008 年 9 月 28 日以后为正常输水阶段。京石段工程冰期输水时段为 12 月中旬至次年 2 月底。

与第一次通水基本情况相同,第二次通水制定了采用 9 座参与调度节制闸的目标控制水位,以实现安全输水的目标。第二次通水节制闸闸前目标控制水位见表 2.9。

表 2.9　第二次通水节制闸闸前目标控制水位表

序号	名称	桩号	流量/(m³/s)	闸前水位/m			较设计水位降低/m	
				设计水位	非冰期目标水位	冰期目标水位	非冰期	冰期
1	磁河节制闸	31+965	0~19.5	73.88	72.38	73.39	1.50	0.49
2	漠道沟节制闸	66+695	0~19.1	71.32	69.82	71	1.50	0.32
3	放水河节制闸	101+626		69.44		69.24		
4	蒲阳河节制闸	114+824	0~18.8	68.64	67.14	68.4/67	1.50	0.24/1.64

序号	名称	桩号	流量/(m³/s)	闸前水位/m			较设计水位降低/m	
				设计水位	非冰期目标水位	冰期目标水位	非冰期	冰期
5	岗头节制闸	141+922	0~18.4	65.99	65.52	65.8/65.2	0.47	0.19/0.79
6	北易水节制闸	187+392	0~18.3	62.84	61.54	62.55	1.30	0.29
7	坟庄河节制闸	202+097	0~18.1	62	60.9	61/61.3	1.10	1/0.7
8	北拒马河节制	227+470	0~18.1	60.3	60.3	60.3		
9	永定河控制闸	286+128			59.9	57.26		
10	团城湖节制闸	307+441	0~18.1	48.69	48.69	48.69		

根据相关资料,在第二次通水期间,2010 年 6 月 23 日以后为正常输水阶段。京石段工程冰期输水时段为 12 月中旬至次年 2 月底。

两次通水,京石段工程累计调水 8.85 亿 m³,入京水量 6.91 亿 m³。第一次调水于 2008 年 9 月 18 日开始,2009 年 8 月 19 日结束,共调水 4.35 亿 m³,第二次调水于 2010 年 5 月 25 日开始,2011 年 5 月 9 日结束,共调水 4.5 亿 m³。

据了解,两次通水的供水目标为北京市的生活用水,根据 2008 年北京市国民经济统计资料,北京市人均年生活用水量为 88.3 m³/(人·年),分水口门至用户之间的输水损失按 30% 估算。两次通水北京市供水效果估算见表 2.10。

表 2.10　北京市供水效果估算表

第一次通水	入京水量/亿 m³	3.34
	净供水量/亿 m³	2.34
	供水人口/万人	265.0
第二次通水	入京水量/亿 m³	3.57
	净供水量/亿 m³	2.50
	供水人口/万人	283.1
合计	入京水量/亿 m³	6.91
	净供水量/亿 m³	4.84
	供水人口/万人	548.1

从表 2.10 可以看出,两次通水的入京水量 6.91 亿 m³,共可为 548.1 万人提供生活用水。高峰时段,京石段工程日供水量占城区自来水供应总量的 65% 左右,大大缓解了北京的水资源短缺状况,提高了北京供水安全保障水平。

2.4　研究渠段说明

2.4.1　研究渠段范围

本次研究所选渠段主要是从磁河节制闸到北拒马河节制闸,其中包括沙河(北)节制闸、唐河节制闸、放水河节制闸、蒲阳河节制闸、岗头节制闸、北易水节制闸、坟庄河节制闸共 9 座节制闸,其基本设计参数见表 2.11。

表 2.11　节制闸基本设计参数

序号	名称	设计流量 /(m³/s)	加大流量 /(m³/s)	设计水位 /m	加大水位 /m	孔数	单孔宽 /m	闸门型式
1	磁河节制闸	165	190	73.88	74.29	3	6.0	弧门
2	沙河(北)节制闸	165	190	72.57	73.00	3	6.0	弧门
3	唐河节制闸	135	160	70.49	70.97	3	5.5	弧门
4	放水河节制闸	135	160	69.44	69.99	3	7.0	弧门
5	蒲阳河节制闸	135	160	68.64	69.23	3	6.0	弧门
6	岗头节制闸	125	150	65.99	66.51	2	7.8	弧门
7	北易水节制闸	60	70	62.84	63.09	2	5.5	弧门
8	坟庄河节制闸	60	70	62.00	62.18	2	5.4	弧门
9	北拒马河节制闸	50	60	60.30	60.40	2	5.6	弧门

2.4.2　节制闸基本情况

1) 闸门及启闭设施

节制闸及倒虹吸出口检修闸的工作闸门均采用露顶式弧形钢闸门,闸门操作方式为动水启闭、局部开启。弧形工作闸门启闭采用后拉式液压启闭机,双吊点,布置为一门一机,一个建筑物内液压启闭机共用一个液压站。

上述工作闸门下游布置的检修闸门和其他检修闸的检修闸门均采用露顶式平面钢闸门,操作方式为静水启闭,平压方式为小开度节间充水平压。检修闸门启闭机均采用移动式电动葫芦带机械式自动挂脱梁起吊,并布置为多孔一机。

退水闸和设计流量在 5m³/s 以上的分水口门(分水闸),其工作闸门和检修闸门均采用平面滚轮钢闸门。工作闸门的操作方式为动水启闭、局部开启;检修闸门的操作方式为静水启闭,平压方式为小开度提门充水平压。启闭机均采用固定卷扬式启闭机,布置为一门一机。设计流量在 5m³/s 以下的分水口门(分水闸),其工作闸门均采用铸铁闸门,工作闸门的操作方式为动水启闭、局部开启。启闭机均采用手电两用螺杆式启闭机,并布置为一门一机。

2）闸门操作方式

临时通水期间闸门操作采用现地手动控制方式进行操作，操作人员在闸门机旁现地控制屏上通过按钮、开关等对启闭机进行操作。

现地闸站闸门操作面板上设有"开启""降落"和"停止"等按钮，设有闸门启、闭、停、闸门开度等运行及故障等信号显示（包括380/220V母线电压、启闭机电机主回路电流、闸门开度、电机启停、闸门启闭位置、控制回路电源、电机故障、启闭机荷重过高等信号显示，并具有过载保护功能），通过上述设备可随时监视闸门的运行状况。

2.4.3 节制闸的调节

节制闸为临时通水期间的主要水流控制设施，节制闸闸门的操作可分为预定操作、适时调节、事故操作三种情况。

（1）按调度指令操作。

按调度指令操作是根据临时通水期间经相关程序确认的供水计划，通过分析计算确定的输水段节制闸闸门开度及开度调节过程指令进行操作。操作指令经相关水力学分析由计算机软件生成，主要内容包括一次流量变化的初始状态（闸门初始开度状态、参考水位、参考流量）、目标值（闸门目标开度、开度调整后的稳定水位及流量）、调节过程参数（由初始状态过渡到目标值的闸门操作过程，包括：操作分级、每级操作闸门开度增量、操作开始及终止时间），然后现地闸站按指令表进行操作。

（2）适时修正调节。

在完成预定开度调节后，节制闸或工作闸上下游水位应按一定的规律发生相应的变化，并逐渐趋于既定的稳定状态，但在渠道运行初期，水力学参数误差及闸门长时间运行过程中的机械原因造成开度发生变化，使得实际运行水位或流量与预测值偏离较大，此时需要根据当地实际情况，在排除操作误差的条件下，按一定的规则进行适当的修正性调节，使闸门开度变化控制在允许范围内。应结合水位、流量计监测进行适时修正性调节。

（3）紧急状态闸门操作。

在输水运行过程中，当发生下列故障和事故时，应采取有效的应对和保护措施；发生重大故障事故应及时上报临时通水指挥部。

① 弧形闸门左、右油缸不同步运行，应立即采取手动纠偏控制，避免闸门卡阻运行。

② 闸门超载运行，应立即发出超载报警并停机。

③ 闸门下滑超限，应立即报警并提升回位。

④ 弧形闸门电控关门操作故障，可采用手动操作关门。

⑤ 在输水运行过程中，当发生事故时，在部分情况下需要通过闸门调节或截断水流配合事故处理，此种情况具有一定的突发性，要求在较短时间内完成闸门开

度调节操作。紧急状态下,当节制闸关闭开度较大时,一般需要退水闸配合进行调节,考虑到临时通水期间,完善的通信系统尚未形成,退水闸的开启与节制闸的关闭采用等流量控制方式。

2.4.4　闸门操作步骤

闸门操作一般按运行调度指令或开度修正原则进行,一般情况下,按调度指令操作、运行过程中的开度修正,以及事故状态下节制闸退水闸联合操作步骤分别参见图 2.3、图 2.4。

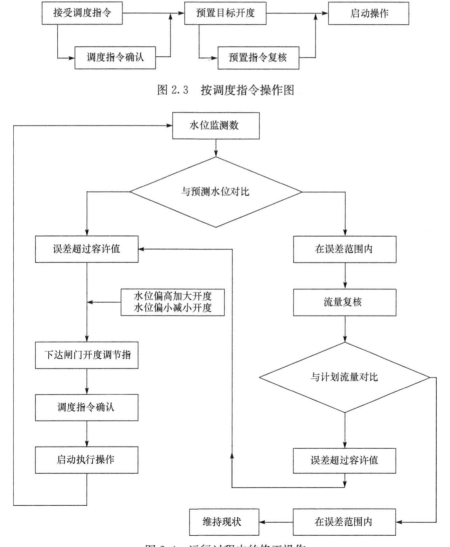

图 2.3　按调度指令操作图

图 2.4　运行过程中的修正操作

2.5 京石段应急供水工程意义

南水北调中线京石段应急供水工程正式通水,对解决北京市水资源短缺具有重要意义,不仅通过调水增大了北京市地表水补给和土壤水含量,更通过相关规定,有效地减少了北京地区地下水的开采,有利于地表水、土壤水和地下水的入渗、下渗和毛管上升、潜流排泄等循环,有利于水土保持和防止地面沉降。在一定程度上改善了北京市严重缺水的状况。

第3章　水流波速分析

水流波速分析是研究当某一节制闸进行开度调节后(增大或减小),该节制闸闸前水位、过闸流量及下游节制闸闸前水位、过闸流量发生变化的时间规律。当节制闸开度变化后,一般该节制闸闸前水位、过闸流量及下游节制闸的水位、过闸流量均会发生相应变化,但会经历一段时间后才可能反映出来,此时间的长短对于后续节制闸的调整频次有重要影响。

通过不时地调节河渠上的水工建筑物(如闸门)的流量,可以使河道或人工明渠中水流流速、流量等随时间而改变,从而形成明渠中的非恒定流。京石段工程4次供水方式与南水北调中线一期工程的运行方式相同,即闸前常水位方式运行。中线输水渠道平均底坡为1/25000,属于缓坡渠道,受到节制闸启闭或取水口流量变化影响的渠道水流为非恒定流。

3.1　明渠非恒定流介绍

3.1.1　明渠非恒定流基本定义

在自然界中,大部分水流都具有与大气接触的自然表面,如常见的天然河道、人工修建的过水渠道,以及渡槽和无压隧洞,这些水流的边界都成为明渠,它们都属于明渠水流。

明渠水流又可分为恒定流和非恒定流,判别依据则是按照其流场中任一固定空间点处的运动要素是否随时间变化[73]。对于明渠非恒定流,其运动要素是随着时间而变化的。这也是自然界中存在的最为普遍的流体运动形式。对于非恒定流又可基本分为两类:一类为在外界条件并无改变的情况下自身流动产生的非恒定现象,另一类是外边界发生改变后流动产生的非恒定性响应。这些都在 Telionis[74]和童秉纲等[75]的研究中提出过相关的分析。

3.1.2　调水工程中的明渠非恒定流问题

由于地形、技术和经济等诸多因素的制约,明渠输水的方式被较多地运用于国内外各种长距离调水工程。利用这种开敞式的输水系统可拥有较大的输水能力,往往还可具备较大的超设计输水能力。在明渠输水过程中,有时又会受地形和其他交叉建筑物的影响在明渠间布置涵洞、隧洞及倒虹吸等一系列的有压管道,大型的跨流域调水工程可以利用这些输水建筑物克服各种不利地形的影响,具备从低处往高处输水的能力,并按照我们的实际需要来进行输水。

由于闸门或泵站启闭的原因,在长距离明渠输水系统中,水流基本为明渠非恒定流形式。因此,明渠非恒定流的水力过渡过程及其流量、水位等要素的变化问题对于整个系统的平稳运行和满足实际调水需要是十分重要的。研究明渠非恒定流的基本水流特性,优化长距离输水系统,分析闸门调节引起的水力响应过程,帮助工程管理人员更好地预测各种输水情况中水力特性,来保证工程调度的安全,这就需要我们对调水工程中的明渠非恒定流问题不断进行研究。

3.1.3 相关理论研究

Laplace 和 Lagrange 是最早开始对明渠非恒定流问题进行研究的学者,早在200 多年以前,他们便开始从事这方面的研究工作。1870 年法国科学家 Saint Venant 利用对河口潮汐波速问题的研究,建立了明渠非恒定流的基本方程圣维南方程组,以此奠定了明渠非恒定流的研究基础;1992 年,Johnson 发表了和明渠非恒定流相关的研究论文[76];Strelkoff 等[77]和 Yen[78]分别在 1969 年和 1975 年发表了和明渠非恒定流一维方程有关的研究成果。早期对于工程中的明渠非恒定流问题采用的主要方法为原型观测和物理实验再结合理论分析,这是由非恒定流的基本方程属于线性偏微分方程其解析解一般不易求出所致。数值模拟的方法现在已经应用于解决水力学的一些问题当中,而 Richardson 在 1910 年发表的《偏微分方程数值分析》则是该方法在水力学问题应用中的开端。数值模拟也因为其高效和简便的特点而被人们所普遍承认[79-80]。随着此后对该问题研究的不断深入,明渠非恒定流的传播特性、紊动特性及流速分布的问题也有了许多突破性的进展;加之计算机技术和数学模型越来越成熟,使我们在这方面的研究方法和途径越来越多[81]。

3.2　明渠非恒定流特性

3.2.1 基本特征

流量、流速、水深、水位及过水断面等水力要素是位置 s 和时间 t 的函数,这是明渠非恒定流的基本特征[82]。其一维的水力要素表示为

$$Q=Q(s,t) \tag{3.1}$$

$$v=v(s,t) \tag{3.2}$$

$$z=z(s,t) \quad 或 \quad h=h(s,t) \tag{3.3}$$

$$A=A(s,t) \tag{3.4}$$

明渠非恒定流属于由惯性力和重力两个因素所共同决定的重力波。波所传到

之处,在该断面会引起相应的流量 Q(流速 V)和水位 Z(水深 h)的变化。这样的波动现象与受到风力作用的湖泊和海洋形成的质点只单独沿一定轨迹的往复振动所不同,它们的本质差别就在于明渠非恒定流中形成的位移波的质点是随着波形向前传播,从而通过水质点的位移来形成改变流量 Q 和水深 Z 的波动。

在明渠非恒定流的涨水过程中,由于其同一水位下的水面坡度大于恒定流,其产生的流量也相对大于恒定流;同样的,对于落水过程,明渠非恒定流在同一水位的比降又小于恒定流,所以产生的流量也相对较小。因此,在重力波传递到达的区域内,其流量和水位间的单一稳定关系也不再存在。

对于明渠非恒定流,其同一断面上的水面坡度、流量、流速及水位等水力要素的最大值并非出现在同一时刻[83]。对于涨水过程,首先出现的是水面坡度达到最大值,而后才出现最大流量、流速及最高水位;同时,对于落水过程来说,则首先出现最小的流量,而后最低水位出现。然而对于同一过水断面的不同水深处,各个水力要素出现最大值的先后顺序也是不同的,并且对于明渠非恒定流,摩阻流速和阻力系数的参数也都是不同步的。图 3.1 就显示了最大流量在一次洪峰过程中超前于最高水位的情况。

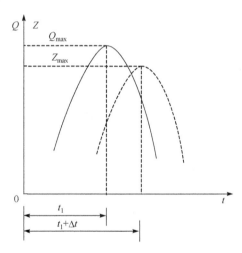

图 3.1　流量水位过程线

3.2.2　明渠非恒定流波的分类

1) 连续波和不连续波

连续波和不连续波的主要判别依据是明渠非恒定流水力要素随时间变化的急剧程度。连续波的水力要素随时间改变比较缓慢,可以看作时间 t 和流程 s 的连续函数,不但相对于波长来说形成的波高较小,并且瞬时流线也近乎平行[84-85]。京石段中由节制闸调节引起的非恒定流即属于此类。不连续波的波高较大,波体部分虽水面平缓但具有较陡的几乎直立的波水面。正是由于其水力要素随时间的剧烈改变,时间 t 和流程 s 的连续函数也随之不复存在。

2) 涨水波和落水波

当波传递到达后引起水位的升高叫涨水波,引起水位的降低叫落水波。

3) 顺波和逆波

顺波和逆波的主要判别依据是看波的传递方向和水流方向是否一致。二者方向一致则为顺波,反之则为逆波。例如,当渠道中因节制闸调节而迅速开启闸门时,在上游因水位下降形成落水逆波并同时向上游传递,下游也因流量增大和水位上升形成涨水顺波并同时向下游继续传递,如图 3.2 所示。

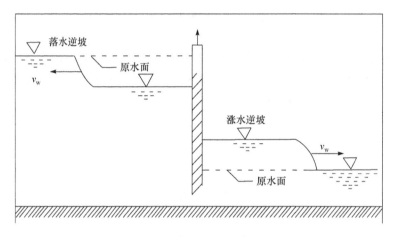

图 3.2 闸门开启示意图

当闸门突然关闭时,下游水位由于闸孔出流的流量减少,形成落水顺波并向下游传递,上游则以涨水逆波的形式不断向上游传递,如图 3.3 所示。

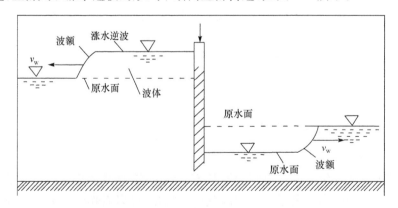

图 3.3 闸门关闭示意图

3.2.3　特殊的明渠非恒定流波

在实际工程中,有一些特殊的明渠非恒定流波是我们经常遇到的,它们之间的有些概念互为相近或重叠,在一定条件下可以相互转化,所以并无确定界限。为了对这些非恒定流波有个更加清晰的认识并作进一步的研究,需要对其一般研究方法进行简要介绍[86]。

1) 动力波

当节制闸闸门突然开启时,明渠内形成以惯性力为主导控制因素的动力波。由于水面扰动的原因,动力波会同时向上游和下游传播,能量会在较短的时间里消耗殆尽。以 Δx 为间距,对其(指代 Δx)之间的断面进行观测,我们可以发现,动力波的水面线、底坡及测压管水头线之间是不平行的。动力波波速的表达式可以为

$$C_k = U + \sqrt{gh} \tag{3.5}$$

式中,U 为平均波速;h 为平均水深;g 为重力加速度。

2) 运动波

在特殊形式明渠非恒定流中,运动波属于一种较为简单的波。它的主导控制因素是阻力,并且在运动过程中,由于水体的局部积蓄其只向下游传播而不发生能量的损耗。运动波在传递过程中水深不会发生变化,也无衰减特征,仅会发生变形和曲率变化的存在。与动力波不同的是,以 Δx 为间距对其之间的断面进行观测,我们可以发现运动波的水面线、底坡及测压管水头线之间是相互不平行的。运动波的波速和单谐波相等,都可以用赛登公式表示为

$$C = \frac{\mathrm{d}Q}{\mathrm{d}A} = \frac{1}{B}\frac{\mathrm{d}Q}{\mathrm{d}h} = U + A\frac{\mathrm{d}Q}{\mathrm{d}A} \tag{3.6}$$

式中,Q 为流量;A 为过水断面面积;B 为河宽;h 为水深;U 为平均流速。

运动波与动力波在明渠非恒定流的传播过程中一般同时存在,其地位由所处的条件所决定。若二者地位相同,即

$$\frac{\mathrm{d}x}{\mathrm{d}t} = U + \sqrt{gh} = \frac{3}{2}C\sqrt{S_f h} \tag{3.7}$$

则有

$$Fr = \frac{U}{\sqrt{gh}} = C\sqrt{S_f h} \tag{3.8}$$

由曼宁公式可得 $Fr=1.5$。即当 $Fr>1.5$ 时,波速计算公式用占主导地位的动力波公式来计算;反之,当 $Fr<1.5$ 时,则需用运动波公式来计算波速。

3) 推进波

推进波是由渠道内上游流量的突然改变所引起的一种急变非恒定流。其主要

表现形式为水深的突变。由于急变非恒定流的压力分布与静压分布不同,其流线曲率也必须考虑在内,所以其计算公式常用近似公式表达,即

$$C_k = U + \sqrt{gh_1}\sqrt{\frac{h_1}{2h_2}\left(1 + \frac{h_2}{h_1}\right)} \tag{3.9}$$

式中,h_1 为波前恒定流水深;h_2 为波峰水深。

4)扩散波

扩散波的主要变化形式是沿运动方向的变形和竖向的衰减。扩散波的变形和衰减存在于大多数实际河流的非恒定流传播过程中;如河段坡度较大,可以将扩散波的衰减忽略并认为其具有运动波的特性。扩散波波速计算公式为

$$C_k = \frac{3}{2}U = \frac{3}{2}\sqrt{h\left(S_f - \frac{\partial h}{\partial x}\right)} \tag{3.10}$$

式中,S_f 为坡底;扩散(衰减)系数为 $C_d = \dfrac{C_k h}{3S_f}$。

5)洪水波

洪水波是河道中较为常见的一种现象,由于其涨落较慢,常常将其视为渐变流。其划分原则为:坡度较陡明渠非恒定流洪水波 $Fr < 1$,坡度较缓明渠非恒定流洪水波 $Fr \ll 1$。

运动波的波速表达式可近似表达坡度较陡的非恒定流洪水波波速,即

$$C_k = \frac{3}{2}Ch^{1/2}S_f^{1/2} \tag{3.11}$$

动力波也会出现在运动波的前后并随之传播,由于 $Fr < 1.5$,所以在洪水波中占主体的是运动波,动力波会快速衰减。

扩散波的波速表达式可近似表达坡度较缓的非恒定流洪水波波速,即

$$C_k = \frac{3}{2}\sqrt{h\left(S_f - \frac{\partial h}{\partial x}\right)} \tag{3.12}$$

3.2.4 明渠非恒定流的变化特性

由于在明渠的某一位置流量和水位发生变化,通过水流质点的位移而形成波的传递,在波所及区域内,要引起当地流量和水位的改变[87-88]。其变化特性大致如下。

(1)涨水过程中,由于洪水波的传递,水面坡度增加得很快而首先出现最大值,而后依次出现最大流速、最大流量、最大水位;落水过程中,先出现最小流量,然后出现最低水位。

(2)渠段流量的变化量越大,就具有越大的能量去克服渠道的阻力作用,对渠道运行控制的响应就越迅速,渠道水力响应时间就越短;流量变化越小,能够用于

克服渠道阻力作用的能量也越小,对于渠道运行控制的响应越缓慢,渠道水力响应时间就越长。

(3)当渠道流量经过一段时间达到稳定时,整个渠道处于一个稳定流量状态,此时基础流量对水流波速的响应时间影响不大。

(4)上游节制闸开度变化引起的波动到达下游节制闸的时间与闸段的距离有较为密切的关系,一般来说,距离越远,波动传播所需时间越长。

明渠非恒定流的变化特性是保证渠道安全稳定输水的关键问题,因此水流波速影响研究至关重要。

3.3　渠道水力响应因素分析

3.3.1　渠道水力响应一般过程

由于节制闸的调节运用,在渠道内会形成一定的水力过渡过程。例如:当确定上游来水流量不变时,调节节制闸使其开度减小,致使其附近及下游渠道流量减小,在节制闸前形成向上游传播的涨水波,同时在节制闸后形成向下游传播的降水波;而当节制闸开度增大时,则会在节制闸前形成向上游传播的降水波,在闸后则形成向下游传播的涨水波。在整个水力过渡过程中,为保证京石段的调度运行安全,我们要求在形成涨水波时,渠道中水位不能骤升;而在形成落水波时,渠道内的水位也不能骤降。同时,应注意节制闸的调节速率,尽量缩短水力过渡的过程,使渠道内水流尽快达到新的稳定状态,优化节制闸的调度方案。

3.3.2　渠道水力响应影响因素

南水北调京石段渠道水力响应的影响因素按照其性质的不同可分为:水力设计因素、水力控制因素、水动力学因素。

从水力设计因素方面来看,主要有渠道断面几何尺寸及其长度、糙率等方面,以及渠道的设计流量和加大流量。其中,设计流量和加大流量是渠道断面几何尺寸和糙率的设计依据,调水系统的规模是渠段长度的设计依据。在实际运行调度中,渠道的断面几何尺寸对渠道内水深和流速影响较大,从而对渠道输水过程的稳定时间产生影响;而渠段的长度对水源区以及受水区的输水时间产生影响。整个渠道的调蓄能力也受渠道几何尺寸及渠段长度的影响,综合这些影响因素,会对整个渠道输水调度运行的响应速度产生影响。

水力控制因素则主要是节制闸的运行控制。通过节制闸的调整实现闸门开度的变化,通常情况下,闸门的变化幅度越大、速率越快,渠道内的水位波动就越剧烈,水力响应时间也随之越长。

水动力学因素主要指渠道的过流流量、流速和水深等。一般情况下,流速和水深随着流量的加大而加大,并且克服渠道阻力的能量也越大,渠道输水运行中水力响应速度也越快,整个响应过程也较短;反之也是如此,流速和水深随着流量的减小而减小,克服渠道阻力的能量也就越小,渠道输水运行中水力响应缓慢,整个响应过程时间较长。

3.3.3 渠道正常状态下水力响应过程的主要影响因素

水利设计因素、水力控制因素及水动力学因素三者在渠道输水运行调度过程中相互影响,有着密不可分的关系。由渠道的设计和加大流量确定的渠道断面几何尺寸对渠道的水深、流速及过流能力都有影响,并且节制闸的运行控制也受其制约;根据流量大小和输水需要进行调控的节制闸,其开度变化又对水流本身产生影响进而产生流量的增减和水位的涨落。南水北调京石段具有输水流量大、沿程断面尺寸变化大及渠道控制建筑物众多等主要特点。因此,南水北调京石段正常状态下水力响应过程就受输水流量及节制闸的开度变化等主要因素影响。

3.4　水力响应过程研究

3.4.1　研究方案

为研究南水北调京石段水力响应过程特征,本次主要从单个节制闸的运用和多个节制闸的运用两方面来探究其调节引起的水力响应过程的特征。对于单个节制闸,我们主要探究其流量与响应时间的函数关系;对于多个节制闸,则主要探究其距离与响应时间的函数关系。在研究的过程中应当注意,其他水力要素很容易定量识别,关键是水位变化反映时间(t)、流量的变化量(Δq),以及流程(s)应当重点考虑。在本次研究所选数据中,上游闸前水位的变化范围为 $60.721 \sim 73.785$m,流量变化范围为 $8.108 \sim 21.639$m³/s。

3.4.2　单个节制闸调节引起的水力响应过程研究

对于单个节制闸运用的研究所选对象为:当上游闸门开度出现调整时,下游闸门开度保持不变;在经过一段时间后,下游原稳定水位出现变动。在这一变化过程中,从上游闸门出现变动到下游水位出现变动的时间段即为波动传播的响应时间,也是本次研究对象。研究此问题,选择研究的数据样本,要求该时期下游的闸门未进行调整,否则,难以判断出下游闸门水位变化是否表明上游水体传播到来。而这些数据针对各个渠段较少,因此回归时只能大致反映变量间的关系。

本书以南水北调中线干线京石段 2008～2013 年的调度数据为依据,从中分析筛选出京石段历年来参与调度的节制闸、上下游相邻节制闸的距离,闸门调节前后的流量,以及调整后水位发生变化的时间等信息。以上述实测数据作为样本建立节制闸调整后的流量变化量与反映时间、闸间距离的关系,并拟合函数关系。

1)磁河节制闸至沙河(北)节制闸

磁河节制闸位于上游,沙河(北)节制闸位于下游,闸间距为 15177m。分析通水数据,当上游磁河节制闸开度调整后,改变了当前过闸流量,由此产生的扰动会向下游沙河(北)节制闸传播,此时保持沙河(北)节制闸的开度不变,当观察到下游沙河(北)节制闸的闸前水位、过闸流量明显变化时,说明上游节制闸操作产生的影响已经传播到下游节制闸。该段时间即为磁河节制闸至沙河(北)节制闸间水流波速的响应时间。表 3.1 中,分别选取上游节制闸流量波动在 2h、4h、6h 作为到达下游节制闸的响应时间,相应的流量变化量为该响应时间的平均流量变化量和流量相对变化量。其函数关系图如图 3.4 和图 3.5 所示。由平均流量变化量图中函数相关系数可知,幂函数相关系数 $R^2 = 0.950$ 为最高,所以该闸段选取幂函数

$$t = 3.334 \Delta q^{-1.86} \tag{3.13}$$

由流量相对变化量图中函数关系可知,幂函数相关系数 $R^2 = 0.997$ 为最高,所以该闸段选取幂函数

$$t = 0.033 q'^{-1.93} \tag{3.14}$$

为其相关函数关系曲线,其中 Δq 为流量变化量,q' 为流量相对变化量(m^3/s);t 为波动传播相应时间(h)。

表 3.1　磁河—沙河(北)流量变化量与波速传播时间对应表

序号	波动传播影响时间 t/h	平均流量变化量 $\Delta q/(m^3/s)$	流量相对变化量 $q'/(m^3/s)$
1	2	1.330	0.121
2	4	0.845	0.083
3	6	0.775	0.069

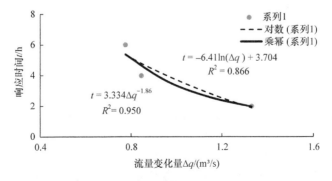

图 3.4　磁河—沙河(北)节制闸流量变化量与波速传播响应时间关系

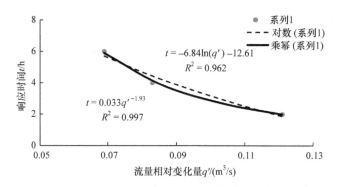

图 3.5　磁河—沙河(北)节制闸流量相对变化量与波速传播响应时间关系

2) 沙河(北)节制闸至唐河节制闸

沙河(北)节制闸位于上游,唐河节制闸位于下游,闸间距离为 28787m。表 3.2 和图 3.6、图 3.7 给出了上游节制闸平均流量变化量和流量相对变化量与波速传播响应时间的关系。这里,分别选取上游节制闸流量波动在 4h、6h、8h 作为到达下游节制闸的响应时间,相应的流量变化量为该响应时间的平均流量变化量和流量相对变化量。由平均流量变化量图中函数相关系数可知,幂函数相关系数 $R^2 = 0.982$ 为最高,所以该闸段选取幂函数

$$t = 1.626\Delta q^{-3.73} \tag{3.15}$$

由流量相对变化量图中函数关系可知,幂函数相关系数 $R^2 = 0.998$ 为最高,所以该闸段选取幂函数

$$t = 0.004q'^{-2.56} \tag{3.16}$$

为其相关函数关系曲线,其中 Δq 为流量变化量,q' 为流量相对变化量(m³/s);t 为波动传播相应时间(h)。

表 3.2　沙河(北)—唐河节制闸流量变化与波速传播时间对应表

序号	波动传播影响时间 t/h	平均流量变化量 $\Delta q/(m^3/s)$	流量相对变化量 $q'/(m^3/s)$
1	4	0.803	0.072
2	6	0.695	0.061
3	8	0.659	0.055

3) 唐河节制闸至放水河节制闸

唐河节制闸位于上游,放水河节制闸位于下游,闸间距离为 25634m。表 3.3 和图 3.8、图 3.9 给出了上游节制闸平均流量变化量和流量相对变化量与波速传播响应时间的关系。这里,分别选取上游节制闸流量波动在 2h、4h、6h、8h 作为到达下游节制闸的响应时间。由平均流量变化量图中函数相关系数可知,幂函数相关系数 $R^2 = 0.961$ 为最高,所以该闸段选取幂函数

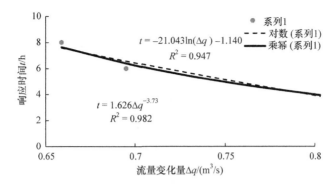

图 3.6　沙河(北)—唐河节制闸流量变化量与波速传播响应时间关系

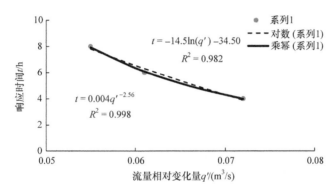

图 3.7　沙河(北)—唐河节制闸流量相对变化量与波速传播响应时间关系

$$t = 3.368 \Delta q^{-1.03} \tag{3.17}$$

由流量相对变化量图中函数关系可知,幂函数相关系数 $R^2 = 0.948$ 为最高,所以该闸段选取幂函数

$$t = 1.193 q'^{-0.52} \tag{3.18}$$

为其相关函数关系曲线,其中为 Δq 流量变化量,q' 为流量相对变化量(m^3/s),t 为波动传播相应时间(h)。

表 3.3　唐河—放水河节制闸流量变化与波速传播时间对应表

序号	波动传播影响时间 t/h	平均流量变化量 $\Delta q/(\mathrm{m}^3/\mathrm{s})$	流量相对变化量 $q'/(\mathrm{m}^3/\mathrm{s})$
1	2	1.742	0.416
2	4	0.719	0.071
3	6	0.580	0.047
4	8	0.477	0.035

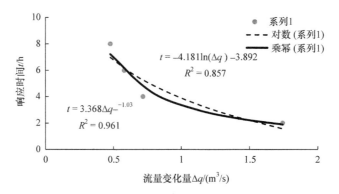

图 3.8　唐河—放水河节制闸流量变化量与波速传播响应时间关系

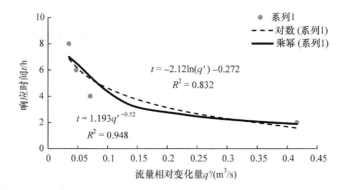

图 3.9　唐河—放水河节制闸流量相对变化量与波速传播响应时间关系

4) 放水河节制闸至蒲阳河节制闸

放水河节制闸位于上游,蒲阳河节制闸位于下游,闸间距离为 13261m。表 3.4 和图 3.10、图 3.11 给出了上游节制闸平均流量变化量和流量相对变化量与波速传播响应时间的关系。这里,分别选取上游节制闸流量波动在 4h、6h、8h、12h 作为到达下游节制闸的响应时间。由平均流量变化量图中函数相关系数可知,对数函数相关系数 $R^2=0.984$ 为最高,所以该闸段选取对数函数

$$t=-4.33\ln(\Delta q)+6.082 \tag{3.19}$$

由流量相对变化量图中函数关系可知,对数函数相关系数 $R^2=0.948$ 为最高,所以该闸段选取对数函数

$$t=-2.36\ln(q')-0.208 \tag{3.20}$$

为其相关函数关系曲线,其中 Δq 为流量变化量,q' 为流量相对变化量($\mathrm{m^3/s}$);t 为波动传播相应时间(h)。

表 3.4　放水河—蒲阳河节制闸流量变化与波速传播时间对应表

序号	波动传播影响时间 t/h	平均流量变化量 Δq/(m³/s)	流量相对变化量 q'/(m³/s)
1	4	1.642	0.123
2	6	0.911	0.071
3	8	0.730	0.049
4	12	0.250	0.005

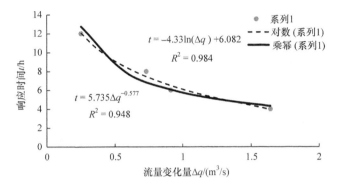

图 3.10　放水河—蒲阳河节制闸流量变化量与波速传播响应时间关系

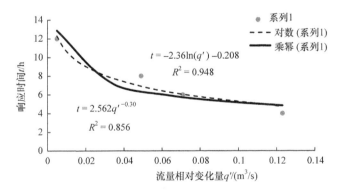

图 3.11　放水河—蒲阳河节制闸流量相对变化量与波速传播响应时间关系

5）蒲阳河节制闸至岗头节制闸

蒲阳河节制闸位于上游,岗头节制闸位于下游,闸间距离为 27033m。表 3.5 和图 3.12、图 3.13 给出了上游节制闸平均流量变化量和流量相对变化量与波速传播响应时间的关系。这里,分别选取上游节制闸流量波动在 4h、6h、8h、10h 作为到达下游节制闸的响应时间。由流量平均变化量图中函数相关系数可知,对数函数相关系数 $R^2=0.995$ 为最高,所以该闸段选取对数函数

$$t=-20.3\ln(\Delta q)+0.177 \tag{3.21}$$

由流量相对变化量图中函数关系可知,对数函数相关系数 $R^2=0.948$ 为最高,所以该闸段选取对数函数

$$t=-7.65\ln(q')-15.33 \tag{3.22}$$

为其相关函数关系曲线,其中为 Δq 流量变化量,q' 为流量相对变化量$(\mathrm{m^3/s})$;t 为波动传播相应时间(h)。

表 3.5　蒲阳河—岗头节制闸流量变化与波速传播时间对应表

序号	波动传播影响时间 t/h	平均流量变化量 $\Delta q/(\mathrm{m^3/s})$	流量相对变化量 $q'/(\mathrm{m^3/s})$
1	4	0.829	0.078
2	6	0.745	0.063
3	8	0.689	0.048
4	10	0.614	0.036

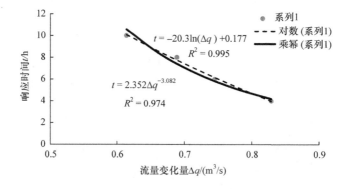

图 3.12　蒲阳河—岗头节制闸流量变化量与波速传播响应时间关系

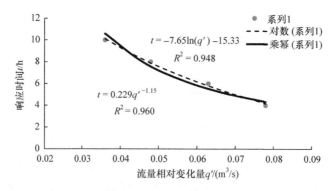

图 3.13　蒲阳河—岗头节制闸流量相对变化量与波速传播响应时间关系

6)岗头节制闸至北易水节制闸

岗头节制闸位于上游,北易水节制闸位于下游,闸间距离为 45535m。表 3.6

和图 3.14、图 3.15 给出了上游节制闸平均流量变化量和流量相对变化量与波速传播响应时间的关系,分别选取上游节制闸流量波动在 4h、6h、8h、12h、20h 作为到达下游节制闸的响应时间。由平均流量变化量图中函数相关系数可知,幂函数相关系数 $R^2 = 0.963$ 为最高,所以该闸段选取幂函数

$$t = 14.11\Delta q^{-1.57} \tag{3.23}$$

由流量相对变化量图中函数关系可知,幂函数相关系数 $R^2 = 0.958$ 为最高,所以该闸段选取幂函数

$$t = 0.537q'^{-1.14} \tag{3.24}$$

为其相关函数关系曲线,其中 Δq 为流量变化量,q' 为流量相对变化量(m^3/s);t 为波动传播响应时间(h)。

表 3.6　岗头—北易水节制闸流量变化与波速传播时间对应表

序号	波动传播影响时间 t/h	平均流量变化量 $\Delta q/(m^3/s)$	流量相对变化量 $q'/(m^3/s)$
1	4	2.147	0.169
2	6	1.866	0.117
3	8	1.082	0.104
4	12	0.857	0.056
5	20	0.776	0.047

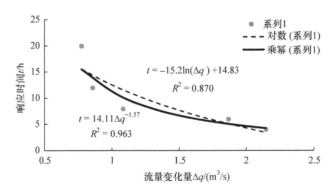

图 3.14　岗头—北易水节制闸流量变化量与波速传播响应时间关系

7) 北易水节制闸至坟庄河节制闸

北易水节制闸位于上游,坟庄河节制闸位于下游,闸间距离为 14705m。表 3.7 中,分别选取上游节制闸流量波动在 4h、6h、8h、12h 作为到达下游节制闸的响应时间。其函数关系图如图 3.16、图 3.17 所示。由平均流量变化量图中函数相关系数可知,幂函数相关系数 $R^2 = 0.995$ 为最高,所以该闸段选取幂函数

$$t = 3.367\Delta q^{-0.72} \tag{3.25}$$

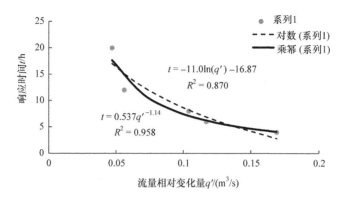

图 3.15 岗头—北易水节制闸流量相对变化量与波速传播响应时间关系

由流量相对变化量图中函数关系可知,幂函数相关系数 $R^2 = 0.970$ 为最高,所以该闸段选取幂函数

$$t = 0.733q'^{-0.61} \tag{3.26}$$

为其相关函数关系曲线,其中为 Δq 流量变化量,q' 为流量相对变化量($\mathrm{m^3/s}$);t 为波动传播响应时间(h)。

表 3.7 北易水—坟庄河节制闸流量变化与波速传播时间对应表

序号	波动传播影响时间 t/h	平均流量变化量 Δq/($\mathrm{m^3/s}$)	流量相对变化量 q'/($\mathrm{m^3/s}$)
1	4	0.824	0.070
2	6	0.435	0.028
3	8	0.238	0.020
4	12	0.174	0.012

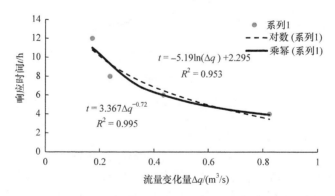

图 3.16 北易水—坟庄河节制闸流量变化量与波速传播响应时间关系

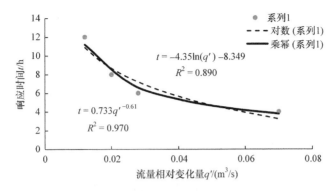

图 3.17　北易水—坟庄河节制闸流量相对变化量与波速传播响应时间关系

8）坟庄河节制闸至北拒马河节制闸

坟庄河节制闸位于上游，北拒马河节制闸位于下游闸间距离为 25373m。表 3.8 中，分别选取上游节制闸流量波动在 4h、6h、8h、10h 作为到达下游节制闸的响应时间，相应的流量变化量为该响应时间的平均流量变化量和流量相对变化量。其函数关系图如图 3.18、图 3.19 所示。由图中函数相关系数可知，幂函数相关系数 $R^2 = 0.996$ 为最高，所以该闸段选取幂函数

$$t = 3.199 \Delta q^{-1.10} \tag{3.27}$$

由流量相对变化量图中函数关系可知，对数函数相关系数 $R^2 = 0.968$ 为最高，所以该闸段选取对数函数

$$t = -4.75 \ln(q') - 8.197 \tag{3.28}$$

为其相关函数关系曲线，其中 Δq 为流量变化量，q' 为流量相对变化量（m^3/s）；t 为波动传播响应时间（h）。

表 3.8　坟庄河—北拒马河节制闸流量变化与波速传播时间对应表

序号	波动传播影响时间 t/h	平均流量变化量 Δq/(m^3/s)	流量相对变化量 q'/(m^3/s)
1	4	0.758	0.069
2	6	0.602	0.056
3	8	0.462	0.034
4	10	0.353	0.021

3.4.3　节制闸距离与响应时间的关系

波动传播的时间和节制闸所处的位置有很大关系。本研究基于调节各渠段上游节制闸开度，下游节制闸开度保持不变，记录水波波速传播时间，以此来探求波动传播时间与各节制闸间距离的关系。

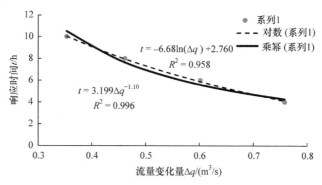

图 3.18　坟庄河—北拒马河节制闸流量变化量与波速传播响应时间关系

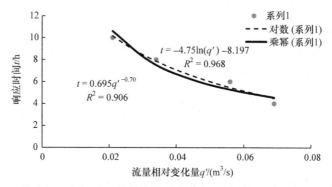

图 3.19　坟庄河—北拒马河节制闸流量相对变化量与波速传播响应时间关系

　　为了探求磁河节制闸到北拒马河节制闸全段距离与时间更直接的关系,选取磁河节制闸为原点,其他 8 个节制闸到磁河节制闸的距离为横坐标,波速传播到下游的时间为纵坐标(选取流量的变化量均为 0.5),具体数值见表 3.9。图 3.20 根据表 3.9 中的数据绘制了相应的散点图,并得到了拟合公式

$$t = -0.0006s^2 + 0.643s + 1.604 \tag{3.29}$$

式中,t 表示水流波速传播的时间(h);s 表示节制闸距磁河节制闸的距离(km)。

表 3.9　节制闸距离与波速传播时间

闸名	磁河节制闸	沙河(北)节制闸	唐河节制闸	放水河节制闸	蒲阳河节制闸	岗头节制闸	北易水节制闸	坟庄河节制闸	北拒马河节制闸
闸间距离/m	0	15177	28787	25634	13198	27033	45535	14705	25373
流量变化反映时间/h	0	12.103	21.576	6.878	9.153	14.247	27.189	5.541	6.875
波速传播时间/h	0	12.103	33.679	40.557	49.710	63.957	91.146	96.687	103.562
闸累加距离/m	0	15177	43964	69598	82796	109829	155364	170069	195442
距离/km	0	15.177	43.964	69.598	82.796	109.829	155.36	170.069	195.442

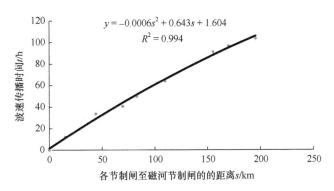

图 3.20　节制闸的距离与波速传播时间的关系

令式(3.29)中右边各项系数分别为 a、b、c，其形式变为

$$t = as^2 + bs + c \qquad (3.30)$$

选取不同流量变化量的值，节制闸距离 s 与水流波速传播时间 t 的方程中，系数 a、b、c 相应变化，如表 3.10 所示。

表 3.10　不同流量变化量对应的系数值

ΔQ	a	b	c
0.6	0.0005	0.3678	0.7381
0.7	0.0005	0.2454	0.5387
0.8	0.0005	0.1792	0.3602
0.9	0.0005	0.1399	0.215
1.0	0.0004	0.1148	0.1003
1.5	0.0003	0.0643	−0.1959
2.0	0.0002	0.0482	−0.291
2.5	0.0001	0.0401	−0.3216
3.0	0.00009	0.0351	−0.3281
3.5	0.00007	0.0315	−0.3247

拟合 ΔQ 与系数 a、b、c 的关系，得出

$$a = 0.0007 e^{-0.6517\Delta Q}$$

$$b = 0.1491\Delta Q^{-1.4507}$$

$$c = 0.2721\Delta Q^2 - 1.4099\Delta Q + 1.381$$

3.5　本章小结

本章通过对南水北调京石段运行调度数据的分析研究,筛选京石段历年来参与调度的节制闸,通过分析上下游相邻节制闸的距离,节制闸门调节前的流量、调整后的流量,相邻节制闸的水深,以及调整后水位发生变化的时间等信息,采用现代数据挖掘技术建立调整后的上下游节制闸的流量、水深、距离与反映时间的回归关系,探究因节制闸调节引起的水力响应过程特征,主要工作及结论如下。

(1) 通过对当前国内外调水工程研究现状的分析总结并结合本工程实际,决定选用现代数据挖掘技术探究相邻上下游节制闸的流量、水深、距离与反映时间的回归关系。

(2) 分析研究明渠非恒定流波的分类、变形特征、控制方程等基本理论,充分了解明渠非恒定流的特性,为后续水力响应过程特征研究提供理论依据并为有关数据的选取提供指导。

(3) 分析研究南水北调京石段四次通水数据,对单个节制闸的运用和多个节制闸的联合运用产生的水力响应过程进行相关分析研究,建立了各闸段流量变化、各渠段长度与响应时间的拟合关系。并由此得出,各渠段基本的水深一定(一般均稳定在目标水位附近),随着流量变化量的增大,相应的传播时间减少,流量与传播时间之间近似满足指数回归关系;而随着传播距离的增大,波速传播时间相应增长,近似满足二次函数关系。节制闸所处的位置与其开度变化引起的波动传播到达渠首和渠道末端的时间具有密不可分的关系,一般来说,距离越远,波动传播所需时间越长;由本次研究计算,拟合出了波动传播到渠道末端的时间与节制闸到渠道末端的距离公式如下:

$$t=-0.0006s^2+0.643s+1.604$$

各个闸段之间的函数关系式对南水北调京石段实际运行操作具有一定指导作用。在今后实际通水过程中,在上游闸门变动所引起下游一定的流量变化时,根据各个闸段的函数关系式,可得出水流波速传播到下游闸门所需时间,从而可以确定下游闸门因上游闸门变动而需要进行相应调节的大致时间,在这一基础上提早对下游闸门进行调节以避免在今后调度中因下游闸门变动不及时出现雍水或缺水等问题。

由于南水北调京石段工程的复杂性和运行调度数据有限,在本次研究中还存在一定的不足。所以在今后通水运行调度过程中,还应根据更多的所得记录数据,不断完善和改进研究内容,深入研究京石段渠道控制响应规律,对其非恒定流情况进行仿真模拟,以确定调水流量的可变化速率和范围,估算节制闸调节后更加准确的渠道响应时间;此外,还应进一步研究节制闸的联合控制方式,模拟不同条件下的水力响应过程,以此来细化节制闸的运行控制方式,更好地为南水北调京石段运行调度工作提供指导帮助。

第4章 稳定调度状态过闸流量分析

稳定调度状态分析的研究内容包括:①在恒定流情况下,确立闸门开度、上下游水位与流量三者之间的函数关系;②率定渠道实际糙率。研究的意义在于:通过对上述两类内容的研究,得出不同工况下真实的闸孔流量系数、渠道糙率,为运行过程中水位、流量的预报提出科学依据,为进一步实现优化调度提供参考,以实现南水北调京石段科学调度、安全运行[89]。

京石段自2008年开始运行共通水四次,其中第四次通水实测流量数据较为充足(放水河节制闸、坟庄河节制闸、北拒马河节制闸、沙河引水闸等四座水闸有实测流量资料),故本次对于流量系数的研究选取第四次通水上述四闸数据进行稳态调度分析研究;渠段糙率研究选取漠道沟节制闸—放水河节制闸渠段、放水河节制闸—蒲阳河节制闸渠段、北易水节制闸—坟庄河节制闸渠段共三段进行分析研究。各闸门参数见表4.1。

表4.1 闸门参数

序号	名称	边坡	底宽/m	底高程/m	渠底高程/m	孔数/个	隔墩厚/m	隔墩修正系数	流量修正系数
1	磁河节制闸	0	20.4	66.72	68.87	3	1.20	0.99	1
2	漠道沟节制闸(未率定)	0	18.9	64.55	66.32	3	1.20	1.00	1
3	蒲阳河节制闸	0	20.6	61.64	64.14	3	1.30	1.19	1
4	岗头节制闸	0	34.6	60.59	61.52	2	19.00	1.27	1
5	北易水节制闸	0	12.2	55.76	58.54	2	1.20	0.67	1
6	坟庄河节制闸	0	12	55.60	57.69	2	1.20	0.51	1
7	北拒马河节制闸	0	12.7	56.57	56.57	2	1.50	1.75	1
8	永定河控制闸	0	17.3	46.37	46.37	2	9.70	1.00	1
9	团城湖末端闸	0	9.3	46.52	46.52	2	1.70	1.00	1
10	石津引水闸(原始)	0	4	83.15	83.15	1	0.00	1.00	1.01
11	沙河引水闸	0	3.5	70.17	70.17	1	0.00	1.00	1
12	滹沱河闸(未率定)	0	20.4	67.78	69.98	3	1.20	1.00	1
13	沙河(北)闸	0	20.4	65.34	67.57	3	1.20	0.88	1
14	唐河闸	0	18.7	63.78	65.98	3	1.10	1.14	1
15	放水河闸	0	23	65.15	65.10	3	1.00	1.25	1
16	西黑山闸(未率定)	2.5	16	60.78	60.67	3	0.50	1.00	1
17	瀑河闸(未率定)	0	11.1	57.49	59.76	2	1.10	1.00	1

流量系数具体研究方法：①统计上述四座闸门开度、上下游水位与流量数据；②利用最小二乘法率定闸孔出流公式中的流量系数；③利用神经网络构建闸门开度、上下游水位与实测流量之间的权矩阵；④利用已知数据对上述两种方法构建的模型进行检验并得出结论。

渠段糙率具体研究方法及内容：①统计上述三个渠段的断面水位、渠底高程、边坡系数、比降及流量数据；②利用最小二乘法率定明渠均匀流公式中的糙率；③利用神经网络构建糙率、断面水深与实测流量等数据之间的权矩阵；④利用已知数据对上述两种方法构建的模型进行检验并得出结论。

另外，根据放水河节制闸—岗头节制闸—坟庄河节制闸的实测流量资料进行水量平衡分析，从分析结果发现，该区间存在水量不平衡的错误现象，本章对出现该现象的原因给出了剖析。

4.1　分析方法简介

回归分析方法是最常用的数理统计方法，用数学表达式来直观地表现出自然界中各个变量存在的相互制约和依赖关系，并对这类数学表达式的精度进行估计，对未知变量进行预测、控制、优化或检验其变化。依据相应的规则，选择其中一个或一组因素作为影响因子，研究预报因子与影响因子之间存在的内在、外在关系，按此关系确定含参数的关系解析式，并采用优化方法求解其参数，建立数学模型进行预报。回归分析法在科学研究、生产实践各方面都有广泛的应用。

最基本的回归分析方法有基于最小二乘法原理的一元线性回归、多元线性回归、一元曲线回归和逐步回归。随着当今数学体系的不断完善与学者的不断钻研，回归分析方法也不断发展，许多解决问题的新兴方法也逐渐得以应用和发展，如岭回归、包络回归、神经网络回归、模糊回归、灰色回归等在水科学中得到了相应的应用。本书主要应用传统的最小二乘法回归和新兴的 BP 神经网络法回归对南水北调中线工程京石段的闸门流量系数和渠道糙率进行回归分析。

4.1.1　最小二乘法

最小二乘法（又称最小平方法）是一种较基本的回归方法。它通过最小化误差的平方和寻找数据的最佳函数匹配。利用最小二乘法可以简便地求得未知的数据，并使得这些求得的数据与实际数据之间误差的平方和为最小[90]。

一般的最小二乘逼近定义为：对于给定的一组数据 $(x_i, f(x_i))(i = 0, 1, \cdots, m)$，要求在函数类 $\phi = \{\phi_0, \phi_1, \cdots, \phi_n\}$ 中找到一个函数 $y = S^*(x)$，使误差平方和：

$$\|\delta\|_2^2 = \sum_{i=0}^{m} \delta_i^2 = \sum_{i=0}^{m} [S^*(x_i) - f(x_i)]^2 \text{ 取得极小值。}$$

为使问题的提法更具有一般性,通常把最小二乘法中 $\|\delta\|_2^2$ 考虑加权平方和,即

$$\|\delta\|_2^2 = \sum_{i=0}^{m}\omega(x_i)\left[S(x_i) - f(x_i)\right]^2 \tag{4.1}$$

其中,$\omega(x_i) \geqslant 0$ 是权函数,它表示不同点 $(x_i, f(x_i))$ 的数据比重不同,如可表示在点 $(x_i, f(x_i))$ 重复观测的次数。最小二乘法即演变为函数 $I(a_1, a_2, \cdots, a_n) = \sum_{i=0}^{m}\omega(x_i)\left[\sum_{j=0}^{n}a_j\phi_j(x_i) - f(x_i)\right]^2$ 的极小值点的问题,由多元函数机制的必要条件,有

$$\frac{\partial I}{\partial a_k} = 2\sum_{i=0}^{m}\omega(x_i)\left[\sum_{j=0}^{n}a_j\phi_j(x_i) - f(x_i)\right]\phi_k(x_i) = 0 \tag{4.2}$$

当 $\phi_0(x), \phi_1(x), \cdots, \phi_n(x)$ 是关于点集 $\{x_i\}(i=0,1,\cdots,m)$ 的带权正交函数组时,上式的解为

$$a_k = \frac{\displaystyle\sum_{i=0}^{m}\omega(x_i)f(x_i)\phi_k(x_i)}{\displaystyle\sum_{i=0}^{m}\omega(x_i)\phi_k^2(x_i)}, \quad k = 0,1,\cdots,n \tag{4.3}$$

4.1.2 神经网络法

神经网络近年来兴起的研究热点,其具有逼近非线性函数的能力,它是基于映射网络存在理论。在神经网络中最广泛应用的信息处理运算是数学映射,给定一个输入向量 X,网络应该产生一个输出向量 $Y=\psi(X)$,网络的基本特征是从复杂的高维数据中提取和识别必要的参数。影射网络存在理论认为,只要处理单元是一个输入变量的任意连续递增函数或是几个变量的总和,则一个输入向量 X 可以映射成任意输出函数 $Y=\psi(X)$。

神经网络是由大量类似神经元的简单处理单元通过相互连接而成的复杂系统,具有联想储存、自组织、自适应等特点,它通过调整其内部连接权向量去匹配输入输出之响应。含有两个隐含层的 BP 神经网络具有拟合多维空间曲面的能力。已经应用在模式识别、信号处理、线性回归分析等方面。

神经网络算法基于最小均方差准则,由计算正向输出和误差反向传播组成。通过由比较网络的实际输出与期望输出来不断地调节网络权值,直至收敛为止。网络中每个节点的输入输出存在如下非线性关系:

$$O = \left\{1 + \exp\left[-\left(\sum W_{ji}O_{pi} + \theta_j\right)\right]\right\}^{-1} \tag{4.4}$$

式中,O_{pi} 为模式 P 输至网络节点 j 的输出;W_{ji} 为节点 i 到 j 的连接权;θ_j 为节点 j 的阈值。

定义网络误差函数为

$$\varepsilon = \varepsilon_p = \frac{(T_{pj} - O_{pj})^2}{2} \tag{4.5}$$

式中，T_{pi} 期望的输出。相应的代价函数为

$$J = E[\varepsilon] = E[\varepsilon_p] = J_p \tag{4.6}$$

网络的最佳权值为使式（4.6）取得极小值时的解。为此，利用梯度下降算法来求解最佳权值。训练集中的每个样本输至网络时，网络的权值都要作相应的调整。其该变量为 $W_{ji} = \frac{\partial \varepsilon_p}{\partial w_{ji}}$，从而有 $W_{ji} = \eta \delta_{pj} O_{pj}$，式中 η 为学习速率，δ_{pj} 为 j 节点的误差信号。

对于输出层节点 j，有

$$\delta_{pj} = (T_{pj} - O_{pj}) O_{pj} (1 - O_{pj}) \tag{4.7}$$

对于隐含层节点 j，有

$$\delta_{pj} = \sum \delta_{pk} W_{kj} (1 - O_{pj}) O_{pj} \tag{4.8}$$

式中，δ_{pj} 为 j 节点上一层节点 k 的误差；W_{kj} 为节点 j 到其上一层节点 k 的连接权。

从以上公式可以得出，通过误差反向传播、调整权值，最终的输出值就会接近所要求的期望值，这个过程称为训练。当达到所要求的误差时，就认为网络已经能在某种程度上近似表示输入与输出的关系。所以，用神经网络可以进行相关的曲线回归分析，也可以用已回归好即训练好的结果去预测新的样本。

4.1.3　回归效果分析

最小二乘法作为传统回归方法，在水文水利计算中得到广泛应用。但其对于多元回归的计算计算，随着变量数目的增加，要相互比较的回归曲线的数目会剧增，从而导致计算量剧增，选择一条最优回归曲线较难。

神经网络是新兴的回归分析方法，利用与率定参数相关的已知数据构造权矩阵，在网络内部进行运算，得到输出值。并且可人工调节隐含层数量，更全面地考虑到了相关参数，能拟合多种任意复杂的连续函数，使得分析结果更为准确。在最小二乘法分析无法给出满意解时，神经网络是一种全新的选择。

结合现有数据，本书采用上述两种算法分别对各闸流量系数以及渠道糙率进行率定，并对计算结果进行比较分析。

4.2　流量系数计算分析

4.2.1　堰流和闸孔出流的判别

受闸门控制的水位-流量系数关系，可以通过观测其上下游水位、闸孔开启高

度及宽度,运用水力学公式来推求。在水力学理论公式中,上游水头要涉及行进流速水头,这里我们采用实测流量来率定流量系数,由于流量系数是水位的某种形式的函数,先对推流公式中的系数加以率定,并再据以推算流量,可不计入行进流速水头。

由堰流和孔流的特点可知,对于具有闸门控制的同一渠道,堰流和孔流可以相互转化。这种水流的转化条件与闸孔的相对开度和闸前水头有关,根据实验,堰流和闸孔出流的判别条件如下。

当闸底坎为平顶型时:

$\dfrac{e}{H} \leqslant 0.65$,为孔流;

$\dfrac{e}{H} > 0.65$,为堰流。

当闸底坎为曲线型时:

$\dfrac{e}{H} \leqslant 0.75$,为孔流;

$\dfrac{e}{H} > 0.75$,为堰流。

根据样本中数据判别如下,坟庄河、放水河、北拒马河节制闸为平顶型孔流;沙河引水闸为曲线型孔流。

4.2.2 最小二乘法求解

每组数据对应的淹没系数不一致,导致率定流量系数时计算过于烦琐复杂,现将淹没系数 σ_s、流量系数 μ 拟合为一个未知数 m,称为拟合流量系数(即孔口淹没出流流量系数)。回归方程转化为一元问题求解。求解 m 后,再通过查孔流淹没系数表查得每组数据对应的淹没系数 σ_s,最终求得孔口自由出流流量系数 μ。经查表可得:放水河节制闸淹没系数 $\sigma_s = 0.65$;坟庄河节制闸淹没系数 $\sigma_s = 0.55$;北拒马河节制闸淹没系数 $\sigma_s = 0.35 \sim 0.85$;沙河引水闸淹没系数 $\sigma_s = 1$。

断面的流量资料及与流量系数相关的开度 e、闸前水头 H、宽度 b 等均可在资料中查得。选择第四次通水沙河引水闸、坟庄河节制闸、放水河节制闸、北拒马河节制闸一个月的通水数据作为样本。

闸孔出流流量的计算公式为

$$Q = \sigma_s \mu b e \sqrt{2gH} \tag{4.9}$$

式中,Q 为计算流量($\mathrm{m^3/s}$);σ_s 为淹没系数;μ 为流量系数;b 为闸孔净宽(m);e 为开度(m);H 为闸前水头(m)。

现设 m 为拟合流量系数

$$m = \sigma_s \mu \tag{4.10}$$

可得简化公式

$$Q = mbe\sqrt{2gH} \tag{4.11}$$

待定系数 m 由计算值点与实际值线拟合最佳,通过最小二乘法进行估计。计算值点与配合线在纵轴方向上的离差为

$$\Delta Q_i = Q_{si} - Q_i = Q_{si} - mb_i e_i \sqrt{2gH_i} \tag{4.12}$$

根据公式可以分别计算各测次的流量系数 m_i,再以开度分级将各测次区分成组,并拟合出每测组的流量系数 m,要使计算值与配合线拟合最佳,须使离差 ΔQ_i 的平方和为最小值,即

$$\sum_{i=1}^{n} \Delta Q_i^2 = \sum_{i=1}^{n} (Q_{si} - Q_i)^2 = \sum_{i=1}^{n} (Q_{si} - mb_i e_i \sqrt{2gH_i})^2 \tag{4.13}$$

欲使上式取得极小值,可对待定系数 m 求一阶导数,并使其等于零,即

$$\frac{\partial \sum_{i=1}^{n} (Q_{si} - mb_i e_i \sqrt{2gH_i})^2}{\partial m} = 0 \tag{4.14}$$

解方程组可得

$$m = \frac{\sum_{i=1}^{n} Q_{si}}{\sum_{i=1}^{n} b_i e_i \sqrt{2gH_i}} \tag{4.15}$$

再根据孔口出流淹没系数表查得淹没系数,求得孔口自由出流流量系数

$$\mu = m/\sigma_s \tag{4.16}$$

由此可列出如下各项系数关系表,见表 4.2～表 4.5。

表 4.2 放水河节制闸开度、闸前水头、自由出流流量系数关系表

$e(m)$ ＼ $H(m)$	3.5～3.6	3.6～3.7	3.7～3.8	3.8～3.9	3.9～4.0	4.0～4.1
0.074		0.786				
0.110				0.812	0.812	0.812
0.114						0.879
0.118		0.773	0.773			
0.120				0.793	0.793	0.806
0.130	0.844	0.844	0.844	0.829	0.829	
0.140			0.835	0.835		0.835
0.147			0.622	0.622		
0.150					0.866	
0.160				0.886	0.886	
0.170				0.823	0.823	

表 4.3　坟庄河节制闸开度、闸前水头、自由出流流量系数关系表

H(m) \ e(m)	2.2~2.3	2.3~2.4	2.4~2.5	2.5~2.6	2.6~2.7	2.7~2.8
0.218	0.974					
0.306	0.963					
0.32		0.799	0.799	0.773	0.773	0.773
0.323		0.806	0.806			
0.33	0.743	0.743	0.743	0.743		
0.35	0.717		0.717	0.717		
0.36	0.746	0.746	0.746	0.746		
0.39	0.745	0.745	0.745			
0.396	0.782	0.782	0.782	0.782		
0.43	0.748	0.748	0.748	0.748		
0.46		0.761				

表 4.4　北拒马河节制闸开度、闸前水头、自由出流流量系数关系表

H(m) \ e(m)	3.1~3.2	3.2~3.3	3.3~3.4	3.4~3.5	3.5~3.6	3.6~3.7	3.7~3.8
0.193	0.990	0.990					
0.220	0.982	0.982					
0.297		0.989	0.989				
0.330	0.853	0.853	0.853	0.833	0.833		
0.360	0.844	0.844	0.844	0.911	0.911	0.894	0.894

表 4.5　沙河引水闸开度、闸前水头、自由出流流量系数关系表

H(m) \ e(m)	1.0~1.3	1.3~1.6	1.6~1.9	1.9~2.2	2.2~2.5	2.5~2.8	2.8~3.1	3.1~3.4
0.250							0.802	0.802
0.270				0.722	0.722	0.722	0.727	
0.280				0.769	0.769	0.716	0.716	0.716
0.300							0.767	
0.380		0.682	0.682				0.682	
0.450							0.628	
0.550			0.491	0.491	0.491	0.491		

续表

e(m) / H(m)	1.0~1.3	1.3~1.6	1.6~1.9	1.9~2.2	2.2~2.5	2.5~2.8	2.8~3.1	3.1~3.4
0.570			0.427	0.427				
0.600		0.473	0.473					
0.620			0.407					
0.660	0.378	0.378						
0.720	0.343	0.343						

4.2.3　BP 神经网络法求解

神经网络算法中,BP 算法具有操作过程简单易行、实际计算量小、参数并行性强等优点,是目前多层前馈神经网络训练采用最多也是最为成熟的训练算法之一。BP 算法是一种基于梯度下降的寻优算法,它利用前馈网络的结构特点,将学习算法分为"工作信号正向传播"和"误差信号反向传播"过程[91]。通过这两个学习过程的交替重复,网络的实际输出逐渐向希望的输出逼近。BP 神经网络理论依据坚实,推导过程严谨,通用性较强,在神经网络的实际应用中,BP 算法以其性能上的优越性,逻辑上的严谨性得到广泛的应用。

BP 神经网络法须找出与回归数据相关联的其他数据组作为输入层神经元,在本次研究中与流量系数相关联的数据有闸前水头、闸后水头、孔口净宽、闸门开度,则输入层神经元个数为4,输出层神经元为1,选取 n 个样本$\{(X_1,y_1),(X_2,y_2),\cdots,(X_{20},y_n)\}$,其中,$X_i=\{x_{i1},x_{i2},x_{i3},x_{i4}\}(i=1,2,\cdots,n)$。$x_{ik}$ 表示第 i 个样本中第 k 个参数所代表的流量强度 $k=1,2,3,4$。y_i 为第 i 个样本中的实测流量[92]。

输入层神经元 4 个,为闸门开度、闸前水头、闸后水头、空口净宽,输出层神经元 1 个,为实测流量。经过归一化处理后如表 4.6~表 4.9 所示。

表 4.6　坟庄河节制闸数据矩阵

输入层数据矩阵				输出层数据矩阵
0.396	0.93000	0.96385	0.98182	0.91857
0.396	0.93000	0.96385	0.98182	0.92143
0.396	0.93000	0.96385	0.98182	0.92286
0.396	0.91571	0.94077	0.98182	0.92071
0.396	0.91857	0.94462	0.98182	0.92071
0.396	0.92714	0.95615	0.98182	0.93357

输入层数据矩阵			输出层数据矩阵
0.396	0.93571	0.96385	0.98182	0.91143
0.396	0.93857	0.96385	0.98182	0.91357
0.396	0.92429	0.89077	0.98182	0.99357
0.400	0.85571	0.87346	0.98182	0.90286
0.408	0.92143	0.98115	0.98182	0.89643
0.430	0.83857	0.89462	0.98182	0.91000
0.430	0.83857	0.93231	0.98182	0.90500
0.430	0.83857	0.89846	0.98182	0.91929
0.430	0.84143	0.89846	0.98182	0.92071
0.430	0.84143	0.89654	0.98182	0.91000
0.430	0.84000	0.89462	0.98182	0.91786
0.430	0.83857	0.89077	0.98182	0.91071
0.430	0.84429	0.88692	0.98182	0.92714
0.430	0.85000	0.88308	0.98182	0.94929

表 4.7　放水河节制闸数据矩阵

输入层数据矩阵			输出层数据矩阵
0.150	0.977073	0.878	0.9545	0.050171
0.150	0.974634	0.882	0.9545	0.050400
0.150	0.974634	0.882	0.9545	0.050400
0.150	0.974634	0.882	0.9545	0.050400
0.150	0.974634	0.882	0.9545	0.050400
0.150	0.974634	0.878	0.9545	0.050171
0.150	0.942927	0.822	0.9545	0.046971
0.150	0.938049	0.822	0.9545	0.046971
0.150	0.935610	0.814	0.9545	0.046514
0.150	0.950244	0.870	0.9545	0.049714
0.150	0.950244	0.858	0.9545	0.049029
0.150	0.950244	0.890	0.9545	0.050857
0.150	0.952683	0.890	0.9545	0.050857
0.150	0.955122	0.882	0.9545	0.050400
0.150	0.957561	0.866	0.9545	0.049486
0.150	0.960000	0.862	0.9545	0.049257

表 4.8　北拒马河节制闸数据矩阵

输入层数据矩阵				输出层数据矩阵
0.360	0.989722	0.963182	0.973913	0.087562
0.360	0.992500	0.964697	0.973913	0.087700
0.360	0.992500	0.967727	0.973913	0.087975
0.360	0.992500	0.966212	0.973913	0.087837
0.360	0.993889	0.964697	0.973913	0.087700
0.360	0.993889	0.969242	0.973913	0.088113
0.360	0.993889	0.969242	0.973913	0.088113
0.360	0.995278	0.964697	0.973913	0.087700
0.360	0.995278	0.969242	0.973913	0.088113
0.360	0.996667	0.964697	0.973913	0.087700
0.360	0.996667	0.972273	0.973913	0.088388
0.360	0.998056	0.969242	0.973913	0.088113
0.360	0.998056	0.969242	0.973913	0.088113
0.360	0.998056	0.975303	0.973913	0.088664
0.360	0.998056	0.976818	0.973913	0.088802
0.360	0.998056	0.976818	0.973913	0.088802
0.360	0.998056	0.975303	0.973913	0.088664
0.360	0.998056	0.979848	0.973913	0.089077
0.360	0.998056	0.973788	0.973913	0.088526
0.360	0.999444	0.975303	0.973913	0.088664

表 4.9　沙河引水闸数据矩阵

输入层数据矩阵				输出层数据矩阵
0.95	0.9720	−0.496	0.875	0.900
0.95	0.9745	−0.494	0.875	0.914
0.95	0.9730	−0.496	0.875	0.922
0.95	0.9740	−0.498	0.875	0.938
0.95	0.9170	−0.496	0.875	0.944
0.95	0.8235	−0.502	0.875	0.950
0.95	0.8365	−0.458	0.875	0.964
0.95	0.8385	−0.441	0.875	0.974
0.95	0.8015	−0.46	0.875	0.970

续表

输入层数据矩阵				输出层数据矩阵
0.95	0.7790	−0.384	0.875	0.962
0.95	0.7570	−0.283	0.875	0.946
0.95	0.6780	−0.321	0.875	0.936
0.95	0.6515	−0.368	0.875	0.926
0.95	0.6540	−0.365	0.875	0.942
0.95	0.6505	−0.372	0.875	0.934
0.95	0.6525	−0.376	0.875	0.944
0.95	0.6515	−0.389	0.875	0.936
0.95	0.7235	−0.401	0.875	0.986
0.95	0.8170	−0.397	0.875	0.992
0.95	0.8335	−0.399	0.875	0.990

取 BP 神经网络梯度下降法学习算法学习效率为 $\alpha=0.5$，训练精度取 0.01，训练次数为 2000。对上述神经网络模型进行网络训练，训练结果如下。

（1）坟庄河节制闸隐含层设为：3 层时精度为 0.008943，4 层时精度为 0.008843，5 层时精度为 0.009602。故隐含层选取精度最小的 4 层隐含层。

（2）放水河节制闸隐含层设为：3 层时精度为 0.015441，4 层时精度为 0.015376，5 层时精度为 0.015378。故隐含层选取精度最小的 4 层隐含层。

（3）北拒马河节制闸隐含层设为：3 层时精度为 0.009754，4 层时精度为 0.009896，5 层时精度为 0.009286，6 层时精度为 0.009204，7 层时精度为 0.009222。故隐含层选取精度最小的 6 层隐含层。

（4）沙河引水闸隐含层设为：3 层时精度为 0.009727，4 层时精度为 0.009429，5 层时精度为 0.009845。故隐含层选取精度最小的 4 层隐含层。

各闸门输入、输出权矩阵如表 4.10 和表 4.11 所示。

表 4.10　隐含神经元个数为 4 权矩阵

闸门	输入层权矩阵				输出层权矩阵
坟庄河 节制闸	0.7045878	0.6790054	−0.18174	0.5938745	0.5241982
	0.8668444	0.1938602	0.2979	−0.281699	0.8742054
	−0.7821655	−0.6669488	0.844688	0.7677475	0.589259
	0.5679953	0.3645487	−0.91834	0.7037761	1.293498
放水河 节制闸	5.74×10^{-2}	0.4612896	0.94999	−0.557112	0.3358424
	−0.2866769	−0.9211223	1.058965	−0.713352	-5.18×10^{-2}
	−0.8456119	−0.8865428	−0.01462	−0.996901	2.345147
	−0.3966391	−0.2749137	0.818604	−0.787825	−0.3147664

续表

闸门	输入层权矩阵				输出层权矩阵
沙河引水闸	4.12×10^{-2}	-0.0939296	0.773745	-0.109247	1.299232
	8.62×10^{-2}	0.4596991	0.681492	-0.652626	0.9384933
	-0.2855473	-0.9611785	-0.98041	0.8879468	1.611182
	4.94×10^{-2}	-4.35×10^{-2}	-0.48318	0.2377763	6.92×10^{-3}

表 4.11　隐含神经元个数为 6 权矩阵

闸门	输入层权函数						输出层权函数
北拒马河节制闸							0.1122237
	-0.6923363	-0.9521894	0.444168	-0.162792	-0.742751	-0.76153	3.67×10^{-2}
	-0.8603218	-0.8089976	0.609244	0.1720849	0.2072103	1.141048	0.2541689
	0.2953368	-0.6448968	-1.01637	1.204762	0.3642527	-0.42016	1.180719
	-0.0558151	0.2026309	0.806365	-0.611463	0.609758	1.213746	0.7005848
							1.65792

4.2.4　参数分析

应用最小二乘法计算出开度、闸前水头、自由出流流量系数关系表,可根据实测已知的数据,估算该闸门的流量系数,但是已知数据具有一定的局限性,在实际应用中不能完全体现闸门开度、闸前水头和自由出流流量系数的关系;而 BP 神经网络法计算出的权矩阵可以应对各种已知数据的变化,在实践中更具有指导性。计算时,通过调整内部隐含层的数量对真实值不断逼近,提高结果的精度。

4.2.5　合理性评价

分析流量系数与各相关影响因子的回归关系,建立回归方程仅仅是一种假定,是否符合实际情况还必须对得到的方程系数进行检验。从已知数据中随机找十次测量数据,用上述最小二乘法推求的流量系数及神经网络法求出的权矩阵求解计算流量,再与实测流量对比,求出相对误差。

各组样本中,平均误差均不到 3%,误差小于 5% 的样本比例分别为:最小二乘法数据 70%、100%、100%、60%;神经网络法数据 80%、100%、100%、100%。数据详细内容见表 4.12~表 4.15。

表 4.12 放水河节制闸检验数据表

序号	e/m	水位差/m	H/m	b/m	拟合流量系数	实测流量/(m³/s)	最小二乘法			BP 神经网络法		
							计算流量/(m³/s)	相对误差/%	检验	计算流量/(m³/s)	相对误差/%	检验
1	0.150	1.811	3.866	21	0.563	15.41	15.437	0.18	合格	15.429	0.13	合格
2	0.150	1.791	3.846	21	0.563	15.88	15.397	−3.04	合格	15.567	−1.97	合格
3	0.150	1.801	3.836	21	0.563	15.65	15.377	−1.74	合格	15.549	−0.65	合格
4	0.150	1.721	3.896	21	0.563	15.65	15.497	−0.98	合格	15.554	−0.61	合格
5	0.150	1.751	3.896	21	0.563	14.95	15.497	3.66	合格	15.397	2.99	合格
6	0.150	1.671	3.896	21	0.563	14.09	15.497	9.99	不合格	15.397	9.28	不合格
7	0.150	1.681	3.906	21	0.563	14.62	15.517	6.14	不合格	15.397	5.31	不合格
8	0.150	1.711	3.916	21	0.563	14.69	15.537	5.77	不合格	15.398	4.82	合格
9	0.150	1.761	3.926	21	0.563	15.39	15.556	1.08	合格	15.383	−0.05	合格
10	0.150	1.781	3.936	21	0.563	15.03	15.576	3.63	合格	15.384	2.36	合格

表 4.13 坟庄河节制闸检验数据表

序号	e/m	水位差/m	H/m	b/m	拟合流量系数	实测流量/(m³/s)	最小二乘法			BP 神经网络法		
							计算流量/(m³/s)	相对误差/%	检验	计算流量/(m³/s)	相对误差/%	检验
1	0.408	0.67	2.551	10.8	0.411	12.55	12.812	2.09	合格	12.602	0.41	合格
2	0.43	0.61	2.326	10.8	0.411	12.74	12.894	1.21	合格	12.732	−0.06	合格
3	0.43	0.51	2.424	10.8	0.411	12.67	13.164	3.90	合格	12.594	−0.60	合格
4	0.43	0.6	2.336	10.8	0.411	12.87	12.926	0.44	合格	12.732	−1.07	合格

续表

序号	e/m	水位差/m	H/m	b/m	拟合流量系数	实测流量/(m³/s)	最小二乘法			BP神经网络法		
							计算流量/(m³/s)	相对误差/%	检验	计算流量/(m³/s)	相对误差/%	检验
5	0.43	0.61	2.336	10.8	0.411	12.89	12.927	0.29	合格	12.899	0.07	合格
6	0.43	0.61	2.331	10.8	0.411	12.74	12.971	1.81	合格	12.887	1.15	合格
7	0.43	0.61	2.326	10.8	0.411	12.85	12.891	0.32	合格	12.868	0.14	合格
8	0.43	0.62	2.316	10.8	0.411	12.75	12.863	0.89	合格	12.872	0.95	合格
9	0.43	0.65	2.306	10.8	0.411	12.98	12.831	-1.15	合格	12.872	-0.83	合格
10	0.43	0.68	2.296	10.8	0.411	13.29	12.801	-3.68	合格	13.153	-1.03	合格

表 4.14　北拒马河节制闸检验数据表

序号	e/m	水位差/m	H/m	b/m	拟合流量系数	实测流量/(m³/s)	最小二乘法			BP神经网络法		
							计算流量/(m³/s)	相对误差/%	检验	计算流量/(m³/s)	相对误差/%	检验
1	0.36	0.385	3.583	11.2	0.319	10.74	10.779	0.36	合格	10.743	0.03	合格
2	0.36	0.404	3.588	11.2	0.319	10.68	10.786	0.98	合格	10.663	-0.16	合格
3	0.36	0.38	3.588	11.2	0.319	10.93	10.786	1.34	合格	10.993	0.58	合格
4	0.36	0.395	3.593	11.2	0.319	10.69	10.794	0.96	合格	10.740	0.46	合格
5	0.36	0.395	3.593	11.2	0.319	10.65	10.794	1.33	合格	10.631	-0.18	合格
6	0.36	0.374	3.593	11.2	0.319	10.9	10.794	0.98	合格	10.960	0.55	合格
7	0.36	0.37	3.593	11.2	0.319	10.85	10.794	0.52	合格	10.872	0.21	合格
8	0.36	0.37	3.593	11.2	0.319	10.65	10.794	1.33	合格	10.631	-0.18	合格
9	0.36	0.374	3.593	11.2	0.319	10.62	10.794	1.61	合格	10.521	-0.93	合格
10	0.36	0.359	3.593	11.2	0.319	10.82	10.794	0.24	合格	10.851	0.29	合格

表 4.15　沙河引水闸检验数据表

序号	e/m	水位差/m	H/m	b/m	拟合流量系数	实测流量/(m³/s)	最小二乘法			BP神经网络法		
							计算流量/(m³/s)	相对误差/%	检验	计算流量/(m³/s)	相对误差/%	检验
1	0.57	2.446	1.948	3.5	0.427	4.69	5.264	9.23	不合格	4.687	-0.06	合格
2	0.57	2.33	1.834	3.5	0.427	4.72	5.107	8.21	不合格	4.682	-0.81	合格
3	0.57	2.149	1.647	3.5	0.427	4.75	4.84	1.89	合格	4.775	0.52	合格
4	0.57	2.131	1.673	3.5	0.427	4.82	4.878	1.2	合格	4.818	-0.03	合格
5	0.57	2.118	1.677	3.5	0.427	4.87	4.884	0.29	合格	4.875	0.10	合格
6	0.57	2.063	1.603	3.5	0.427	4.85	4.775	-1.55	合格	4.815	-0.71	合格
7	0.57	1.942	1.558	3.5	0.427	4.81	4.707	-2.13	合格	4.800	-0.22	合格
8	0.57	1.797	1.514	3.5	0.427	4.73	4.64	-1.89	合格	4.727	-0.06	合格
9	0.57	1.677	1.356	3.5	0.427	4.68	4.392	-6.16	不合格	4.626	-1.15	合格
10	0.57	1.671	1.303	3.5	0.427	4.63	4.305	-7.02	不合格	4.633	0.06	合格

从以上计算数据及相关统计参数可以很明显地看出,用神经网络回归出的数据相比最小二乘法的要好些,并且计算的流量很接近原始测量数据。但回归分析的效果好坏要综合来看,如考虑相关参数的全面性、计算量的大小、回归方程的直观性、回归数据统计效果等,下面就从这几个方面进行对比分析。

1) 相关参数的全面性

最小二乘法中,率定的拟合流量系数中有两项:淹没系数、流量系数。淹没系数反映下游水深对于过闸水流的淹没影响程度,由于每组数据的开度-闸后水位-上下游水位差差别较小,淹没系数表中精度有限,使得人工读数误差加大。而神经网络法在输入层数据函数中加入了闸后水位这一项,在网络内部建立样本的复杂结构,考虑影响流量的参数更为全面,回归出的数据精度更高。

2) 计算量

最小二乘法等传统回归方法,计算量的大小会随着变量个数的增加而呈指数形式增加,而神经网络法回归分析时,较多的计算量都花费在训练上。对于本次回归分析,由于变量较少,最小二乘法的计算量不是很大,求解的精度达到了相应要求,所以神经网络的优越性不是很显著。

3) 回归方程的直观性

从回归方程的直观性来看,最小二乘法求出的回归方程比较直观,而用神经网络不能求出回归方程。最小二乘法等一般回归方法是以求解回归方程为目的,本次分析研究中,先建立了闸孔出流的数学模型,根据此模型和样本数据进行下一步的计算。而神经网络是通过学习来逼近目标函数,它把信息记忆在相关联的连接权上,当误差达到一定要求时,就形成了输入和输出之间的一定程度上的近似对应关系。

4) 回归数据统计效果

最小二乘法是对目标函数的一种近似求解,是一种用数学模型去近似表达输入输出的某种关系。对于模型的选取要求较严格。神经网络是对目标函数的逼近,只要网络结构合理,训练效果好,回归出的数据精度相比最小二乘法要高,从本次计算数据上也证明了这一点。

4.3　渠段糙率分析

4.3.1　最小二乘法求解

实测流量 Q 及明渠断面的相关系数断面水头 $h_{水}$、渠底高程 $h_{底}$、宽度 b、比降 i、边坡系数 m 等均可在资料中查得。选择第四次通水漠道沟节制闸—放水河节制闸渠段、放水河节制闸—蒲阳河节制闸渠段、北易水节制闸—坎庄河节制闸渠段一个月的通水数据作为样本。

明渠均匀流计算公式如下：

$$Q=CA\sqrt{Ri} \tag{4.17}$$

式中，Q 为计算流量（m^3/s）；C 为谢才系数；A 为过水断面面积（m^2）；R 为水力半径（m）；i 为比降。

其中谢才系数 C 计算公式

$$C=\frac{1}{n}R^{1/6} \tag{4.18}$$

式中，n 为糙率。

湿周 R 计算公式

$$R=\frac{A}{\chi} \tag{4.19}$$

过水断面面积 A 计算公式

$$A=(b+mh)h \tag{4.20}$$

式中，b 为渠底宽度（m）；h 为断面水深（m）；m 为边坡系数。

湿周 χ 计算公式：

$$\chi=b+2h\sqrt{1+m^2} \tag{4.21}$$

将式（4.18）～式（4.21）分别代入式（4.17），可得明渠均匀流流量计算公式为

$$Q=\frac{Ai^{1/2}R^{2/3}}{n} \tag{4.22}$$

待定系数糙率 n 由计算值点与实际值线拟合最佳，通过最小二乘法进行估计。计算值点与配合线在纵轴方向上的离差为

$$\Delta Q_j=Q_{sj}-Q_j=Q_{sj}-\frac{A_j i_j^{1/2}R_j^{2/3}}{n} \tag{4.23}$$

根据公式可以分别计算各测次的糙率 n_j，再以水力半径分级将各测次区分成组，并拟合出每测组的糙率 n，要使计算值与配合线拟合最佳，须使离差 ΔQ_i 的平方和为最小值，即

$$\sum_{j=1}^{n}\Delta Q_j^2=\sum_{j=1}^{n}(Q_{sj}-Q_j)^2=\sum_{j=1}^{n}\left(Q_{sj}-\frac{A_j i_j^{1/2}R_j^{2/3}}{n}\right)^2 \tag{4.24}$$

欲使式（4.24）取得极小值，可对待定系数糙率 n 求一阶导数，并使其等于零，即

$$\frac{\partial\sum_{j=1}^{n}\left(Q_{sj}-\dfrac{A_j i_j^{1/2}R_j^{2/3}}{n}\right)^2}{\partial n}=0 \tag{4.25}$$

解方程组可得

$$n = \frac{\sum\limits_{j=1}^{n} Q_{sj}}{\sum\limits_{j=1}^{n} \dfrac{A_j i_j^{1/2} R_j^{2/3}}{n}} \qquad (4.26)$$

由此可列出各渠段水力半径 R 与糙率 n 的关系表,见表 4.16。

表 4.16　各渠段水力半径与糙率参数表

各渠段水力半径与糙率参数表					
漠道沟-放水河		放水河-蒲阳河		北易水-坎庄河	
R	n	R	n	R	n
1.1~1.2	0.0125	0.8~0.9	0.0300	1.4~1.5	0.0134
1.2~1.3	0.0147	0.9~1.0	0.0138	1.5~1.6	0.0167
1.3~1.35	0.0144	1.0~1.01	0.0157	1.6~1.65	0.0175
1.35~1.4	0.0170	1.01~1.1	0.0153	1.65~1.7	0.0199
1.4~1.44	0.0168	1.1~1.2	0.0162	1.7~1.8	0.0208
1.44~1.5	0.0173				
1.5~1.6	0.0178				

4.3.2　神经网络法求解

与糙率 n 相关联的数据有断面水头、闸底高程、渠道底宽、比降、边坡系数,则输入层神经元个数为 5,输出层神经元为 1,选取 m 个样本:

$$\{(X_1, y_1), (X_2, y_2), \cdots, (X_{15}, y_m)\} \qquad (4.27)$$

其中,$X_i = \{x_{i1}, x_{i2}, x_{i3}, x_{i4}, x_{i5}\}$ $(i=1,2,\cdots,m)$。x_{ik} 表示第 i 个样本中第 k 个参数所代表的流量强度 $k=1,2,3,4,5$。y_i 为第 i 个样本中的实测流量。

输入层 5 个神经元,输出层 1 个神经元,经过归一化处理后如表 4.17~表 4.19 所示。

表 4.17　漠道沟节制闸—放水河节制闸渠段数据矩阵

输入层数据矩阵					输出层数据矩阵
0.999	0.998546	0.995261	3.48×10^{-5}	0.984	0.892
0.999	0.998546	0.995261	3.48×10^{-5}	0.984	0.885
0.999	0.998546	0.995261	3.48×10^{-5}	0.984	0.878
0.999	0.998546	0.995261	3.48×10^{-5}	0.984	0.897
0.999	0.998546	0.995261	3.48×10^{-5}	0.984	0.898
0.999	0.99884	0.995261	3.48×10^{-5}	0.984	0.949

输入层数据矩阵					输出层数据矩阵
0.999	0.99884	0.995261	$3.48×10^{-5}$	0.984	0.809
0.999	0.998987	0.995261	$3.48×10^{-5}$	0.984	0.842
0.999	0.998987	0.995261	$3.48×10^{-5}$	0.984	0.758
0.999	0.998987	0.995261	$3.48×10^{-5}$	0.984	0.786
0.999	0.998984	0.995261	$3.48×10^{-5}$	0.984	0.810
0.999	0.998987	0.995261	$3.48×10^{-5}$	0.984	0.842
0.999	0.998987	0.995261	$3.48×10^{-5}$	0.984	0.868
0.999	0.998543	0.995261	$3.48×10^{-5}$	0.984	0.867
0.999	0.998343	0.995261	$3.48×10^{-5}$	0.984	0.851

表 4.18　放水河节制闸—蒲阳河节制闸渠段数据矩阵

输入层数据矩阵					输出层数据矩阵
0.988	0.999341	0.985646	$6.13×10^{-5}$	0.978	0.913166667
0.988	0.999566	0.985646	$6.13×10^{-5}$	0.978	0.913333333
0.988	0.999416	0.985646	$6.13×10^{-5}$	0.978	0.908166667
0.987	0.999266	0.985646	$6.13×10^{-5}$	0.978	0.908333333
0.987	0.999266	0.985646	$6.13×10^{-5}$	0.978	0.910833333
0.987	0.999117	0.985646	$6.13×10^{-5}$	0.978	0.911000011
0.987	0.999117	0.985646	$6.13×10^{-5}$	0.978	0.913510001
0.987	0.999117	0.985646	$6.13×10^{-5}$	0.978	0.913511111
0.987	0.999117	0.985646	$6.13×10^{-5}$	0.978	0.913511111
0.987	0.998967	0.985646	$6.13×10^{-5}$	0.978	0.913666667
0.987	0.998967	0.985646	$6.13×10^{-5}$	0.978	0.913666667
0.987	0.998967	0.985646	$6.13×10^{-5}$	0.978	0.916166667
0.987	0.998967	0.985646	$6.13×10^{-5}$	0.978	0.916166667
0.987	0.998817	0.985646	$6.13×10^{-5}$	0.978	0.916333333
0.987	0.999065	0.985646	$6.13×10^{-5}$	0.978	0.916333333

表 4.19　北易水节制闸—坟庄河节制闸渠段数据矩阵

输入层数据矩阵					输出层数据矩阵
0.999031	0.999031	0.923077	$7.00×10^{-5}$	0.993	0.955454545
0.999031	0.999031	0.923077	$7.00×10^{-5}$	0.993	0.938181818

续表

输入层数据矩阵					输出层数据矩阵
0.999195	0.999195	0.923077	7.00×10^{-5}	0.993	0.841111111
0.999195	0.999195	0.923077	7.00×10^{-5}	0.993	0.963636364
0.999195	0.999195	0.923077	7.00×10^{-5}	0.993	0.959090909
0.99936	0.99936	0.923077	7.00×10^{-5}	0.993	0.967272727
0.999524	0.999524	0.923077	7.00×10^{-5}	0.993	0.969090909
0.99936	0.99936	0.923077	7.00×10^{-5}	0.993	0.967272727
0.999524	0.999524	0.923077	7.00×10^{-5}	0.993	0.961818182
0.999524	0.999524	0.923077	7.00×10^{-5}	0.993	0.970909091
0.999524	0.999524	0.923077	7.00×10^{-5}	0.993	0.968181818
0.999524	0.999524	0.923077	7.00×10^{-5}	0.993	0.975454545
0.999606	0.999606	0.923077	7.00×10^{-5}	0.993	0.977272727
0.999688	0.999688	0.923077	7.00×10^{-5}	0.993	0.989090909
0.999688	0.999688	0.923077	7.00×10^{-5}	0.993	0.982727273

取 BP 神经网络梯度下降法学习算法学习效率为 $\alpha = 0.5$，训练精度取 0.01，训练次数为 2000。对上述神经网络模型进行网络训练，训练结果如下。

（1）漠道沟节制闸—放水河节制闸渠段隐含层设为：3 层时精度为 0.017106，4 层时精度为 0.017108，5 层时精度为 0.017104。故隐含层选取精度最小的 5 层隐含层。

（2）放水河节制闸—蒲阳河节制闸渠段隐含层设为：3 层时精度为 0.008441，4 层时精度为 0.007531，5 层时精度为 0.009029。故隐含层选取精度最小的 4 层隐含层。

（3）北易水节制闸—坟庄河节制闸渠段隐含层设为：3 层时精度为 0.009935，4 层时精度为 0.009911，5 层时精度为 0.009861，6 层时精度为 0.009852，7 层时精度为 0.009859。故隐含层选取精度最小的 6 层隐含层。

各闸门输入、输出权矩阵如表 4.20～表 4.22 所示。

表 4.20　漠道沟节制闸—放水河节制闸渠段输出函数

输入层权函数					输出层权函数
0.448447	−0.65691	0.392931	0.111986	-3.42×10^{-2}	0.9204424
0.141256	0.947512	0.905722	0.470473	−0.425297	0.2139429
0.135902	−0.12721	−0.72514	0.303464	0.1290036	9.40×10^{-2}
−0.39639	−0.54102	0.1981	−0.55942	0.2086072	0.8323173
−0.12662	−0.74748	0.600943	0.180244	0.1817038	0.881039

表 4.21　放水河节制闸—蒲阳河节制闸渠段输出函数

输入层权函数				输出层权函数
0.213763	−0.53278	0.522315	$7.34×10^{-2}$	0.4849724
0.918972	−0.57193	0.910279	0.601352	0.2130725
0.766408	$9.55×10^{-2}$	0.77914	−0.12212	1.219461
0.785156	−0.97673	−0.44608	−0.89799	0.4903959

表 4.22　北易水节制闸—坟庄河节制闸渠段段输出函数

输入层权函数						输出层权函数
−0.3125	−0.87964	−0.349787	0.1327631	−0.779742	−0.94889	1.805349
0.565161	0.534697	$−9.68×10^{-3}$	1.108316	−0.955106	−0.93238	0.6419293
0.759691	0.728404	−0.552806	0.3032595	−0.65583	0.182673	0.6938758
−0.30211	−0.26192	0.8008744	$−6.29×10^{-2}$	$−7.03×10^{-2}$	0.623166	1.18441
0.478635	−0.15578	−0.847388	−0.402859	−0.102873	0.802717	−0.0688792

4.3.3　参数分析

应用最小二乘法计渠道水力半径和渠道糙率关系表,可根据实测水力半径,找出相应的水力半径所应对的渠道糙率,但由于水力半径的分段跨越较大,实际应用中不易估读;BP 神经网络法计算出的权矩阵则可以略过人工估读的部分,且计算过程中通过调整内部隐含层的数量对真实值不断逼近,使结果更加精确,更具有实用性。

4.3.4　合理性评价

从第四次通水 6 月份数据中随机找 10 次测量数据,用上述最小二乘法推求的糙率及 BP 神经网络法求出的权矩阵求解计算流量,再与实测流量对比,求出相对误差。

各组样本中,平均误差均不到 3%,误差小于 5% 的样本比例分别为:最小二乘法数据 60%、80%、90%;神经网络法数据 100%、100%、90%。数据详细内容见表 4.23~表 4.25。

表 4.23　渠道沟节制闸—放水河节制闸渠段验验数据表

序号	实测流量/(m³/s)	比降	边坡系数	水力半径/m	n	最小二乘法			BP 神经网络法		
						计算流量	相对误差/%	检验	计算流量	相对误差/%	检验
1	13.520	3.481×10^{-5}	0.984	1.463	0.0173	13.004	3.97	合格	14.162	-4.75	合格
2	13.970	3.481×10^{-5}	0.984	1.455	0.0173	12.879	8.47	不合格	14.038	-0.48	合格
3	14.130	3.481×10^{-5}	0.984	1.455	0.0173	12.656	11.65	不合格	14.162	-0.23	合格
4	14.630	3.481×10^{-5}	0.984	1.463	0.0173	13.004	12.51	不合格	14.397	1.59	合格
5	13.720	3.481×10^{-5}	0.984	1.463	0.0173	12.778	7.37	不合格	13.913	-1.40	合格
6	13.390	3.481×10^{-5}	0.984	1.463	0.0173	13.778	-3.04	合格	13.615	-1.68	合格
7	13.490	3.481×10^{-5}	0.984	1.470	0.0173	13.902	-3.19	合格	13.525	-0.26	合格
8	12.990	3.481×10^{-5}	0.984	1.470	0.0173	12.902	0.69	合格	13.523	-4.11	合格
9	13.680	3.481×10^{-5}	0.984	1.463	0.0173	13.778	-0.77	合格	13.530	1.10	合格
10	13.320	3.481×10^{-5}	0.984	1.463	0.0173	13.778	4.24	合格	13.537	-1.63	合格

表 4.24　放水河节制闸—蒲阳河节制闸渠段检验数据表

序号	实测流量/(m³/s)	比降	边坡系数	水力半径/m	n	最小二乘法			BP 神经网络法		
						计算流量	相对误差/%	检验	计算流量	相对误差/%	检验
1	5.479	4.304×10^{-5}	0.978	0.951	0.0138	5.745	-4.63	合格	5.256	4.07	合格
2	5.480	4.304×10^{-5}	0.978	0.961	0.0138	5.873	-6.70	不合格	5.256	4.08	合格
3	5.449	4.304×10^{-5}	0.978	0.954	0.0138	5.787	-5.85	不合格	5.258	3.50	合格
4	5.450	4.304×10^{-5}	0.978	0.947	0.0138	5.702	-4.42	合格	5.258	3.52	合格
5	5.465	4.304×10^{-5}	0.978	0.947	0.0138	5.702	-4.16	合格	5.258	3.79	合格
6	5.466	4.304×10^{-5}	0.978	0.940	0.0138	5.617	-2.69	合格	5.258	3.80	合格

续表

序号	实测流量/(m³/s)	比降	边坡系数	水力半径/m	n	最小二乘法			BP神经网络法		
						计算流量	相对误差/%	检验	计算流量	相对误差/%	检验
7	5.481	4.304×10⁻⁵	0.978	0.940	0.0138	5.617	-2.43	合格	5.256	4.10	合格
8	5.481	4.304×10⁻⁵	0.978	0.940	0.0138	5.617	-2.43	合格	5.256	4.10	合格
9	5.482	4.304×10⁻⁵	0.978	0.932	0.0138	5.533	-0.92	合格	5.256	4.12	合格
10	5.482	4.304×10⁻⁵	0.978	0.932	0.0138	5.533	-0.92	合格	5.256	4.12	合格

表 4.25　北易水节制闸—坟庄河制闸渠段检验数据表

序号	实测流量/(m³/s)	比降	边坡系数	水力半径/m	n	最小二乘法			BP神经网络法		
						计算流量	相对误差/%	检验	计算流量	相对误差/%	检验
1	10.510	4.19×10⁻⁵	0.993	1.556	0.017	10.501	0.08	合格	10.389	1.15	合格
2	10.320	4.19×10⁻⁵	0.993	1.556	0.017	10.322	-0.02	合格	10.389	-0.67	合格
3	9.240	4.19×10⁻⁵	0.993	1.561	0.017	10.402	-11.17	不合格	10.136	-9.70	不合格
4	10.600	4.19×10⁻⁵	0.993	1.561	0.017	10.402	1.91	合格	10.389	1.99	合格
5	10.550	4.19×10⁻⁵	0.993	1.561	0.017	10.402	1.43	合格	10.389	1.53	合格
6	10.640	4.19×10⁻⁵	0.993	1.566	0.017	10.481	1.51	合格	10.390	2.35	合格
7	10.660	4.19×10⁻⁵	0.993	1.571	0.017	10.561	0.93	合格	10.390	2.53	合格
8	10.580	4.19×10⁻⁵	0.993	1.571	0.017	10.561	0.18	合格	10.389	1.80	合格
9	10.680	4.19×10⁻⁵	0.993	1.571	0.017	10.561	1.12	合格	10.397	2.65	合格
10	10.680	4.19×10⁻⁵	0.993	1.571	0.017	10.561	1.12	合格	10.397	2.65	合格

从以上计算数据及相关统计参数可以很明显地看出,用神经网络回归出的数据相比最小二乘法的要好些,神经网络考虑相关参数更为全面,计算的流量很接近原始观测数据。神经网络法通过隐含的神经元由水位、比降等直接给出了相应的流量,无法与设计糙率进行对比。本次研究仅针对最小二乘法的计算结果与设计糙率进行对比。

根据南水北调工程建设监管中心、中国北方勘测设计研究有限责任公司在 2009 年进行的南水北调中线京石段典型断面糙率原型测试,糙率率定值在 0.0133～0.0157 范围内;南水北调京石段渠道设计阶段糙率取值为 0.015。通过观察最小二乘法率定的糙率值(表 4.16),可看出实际糙率与设计糙率较为接近,局部超出了 2009 年率定的糙率范围。其主要原因为:①该工程运行年份较少,水位、流量数据不全面,不能完全反应渠道的综合糙率;②数据测量的精度还不够高,导致糙率计算存在误差。通过运行年份的增长、观测精度的提高,糙率数据将进一步合理、稳定。

4.4　岗头节制闸数据处理

根据 2012～2013 年京石段通水运行调度表,可计算出岗头节制闸总过闸水量为 21043.91 万 m^3,而上游放水河节制闸总过闸水量为 27461.25 万 m^3,下游坟庄河节制闸总过闸水量为 24467.52 万 m^3。由此可见,从上游至岗头节制闸闸段和出岗头节制闸闸段的总水量均大于岗头节制闸水量,总水量不平衡。对其数据组进行分析,由于数据监测水平与条件问题,开度和实测流量可能会出现误差。

现将岗头节制闸上游放水河节制闸、下游坟庄河节制闸实测流量按传播时差及闸距比分配至岗头节制闸,岗头节制闸各参数与放水河节制闸各参数接近,故选取放水河节制闸流量系数,由闸孔出流公式反推有问题的数据组开度。选取不同开度、不同闸前水头段的数据见表 4.26。

表 4.26　岗头节制闸开度误差数据表

序号	流量系数	闸前水深/m	闸后水深/m	实测开度/m	计算开度/m	差值/m	实测流量/(m³/s)	计算流量/(m³/s)	差值/(m³/s)
1	0.543	3.942	1.692	0.190	0.183	0.007	10.280	13.630	−3.350
2	0.543	3.942	1.682	0.190	0.181	0.009	10.160	13.473	−3.313
3	0.543	3.942	1.692	0.190	0.181	0.009	10.100	13.437	−3.337
4	0.543	3.952	1.682	0.190	0.178	0.012	10.480	13.256	−2.776
5	0.543	3.952	1.682	0.190	0.176	0.014	10.270	13.142	−2.872
6	0.541	4.002	1.692	0.190	0.176	0.014	10.700	13.189	−2.489

序号	流量系数	闸前水深/m	闸后水深/m	实测开度/m	计算开度/m	差值/m	实测流量/(m³/s)	计算流量/(m³/s)	差值/(m³/s)
7	0.541	4.072	1.702	0.190	0.185	0.005	10.720	13.918	−3.198
8	0.541	4.122	1.772	0.232	0.177	0.055	12.900	13.407	−0.507
9	0.541	4.122	1.782	0.232	0.178	0.054	12.810	13.473	−0.663
10	0.541	4.102	1.782	0.232	0.172	0.060	12.690	13.024	−0.334
11	0.520	3.872	1.622	0.194	0.151	0.043	10.180	10.692	−0.512
12	0.520	3.852	1.642	0.194	0.152	0.042	10.570	10.684	−0.114
13	0.520	3.872	1.622	0.164	0.153	0.011	8.850	10.845	−1.995
14	0.520	3.872	1.612	0.164	0.166	−0.002	9.190	11.765	−2.575
15	0.520	3.882	1.602	0.164	0.166	−0.002	9.010	11.775	−2.765

由表 4.26 中计算值与岗头节制闸原有数据比较可看出,经计算后的计算开度与计算流量均照原实测数据有出入。故该渠段水量不平衡的错误现象可能是由岗头节制闸开度、实测流量数据不准确造成,应对该闸门的观测开度、实测流量数据进行检验。

4.5 本 章 小 结

通过运用最小二乘法、神经网络法这两种回归方法分析京石段第四次通水放水河节制闸、坟庄河节制闸、北拒马河节制闸、沙河引水闸数据,可得出闸门开启程度、流量系数与水头具有相应的函数关系。应用最小二乘法推算出的流量系数,为闸孔自由出流的淹没系数,而查表得出的淹没系数会使误差加大,率定出的成果见表 4.2~表 4.5。而神经网络在输入层数据矩阵中有闸孔开度、闸前水位、闸后水位和孔口净宽四项,考虑影响因素更全面,输入层数据矩阵为实测流量。在计算过程中发现应用神经网络梯度下降法计算权矩阵时,对于坟庄河节制闸、沙河引水闸及放水河节制闸 3 座闸门设置 4 层隐含层时数据精度最高;北拒马河节制闸设置 6 层隐含层时数据精度最高,回归效果最好,权矩阵见表 4.10 和表 4.11。

利用上述两种回归方法分析了漠道沟节制闸—放水河节制闸渠段、放水河节制闸—蒲阳河节制闸渠段、北易水节制闸—坟庄河节制闸渠段三个渠段的渠段糙率。应用最小二乘法率定出的糙率见表 4.16;在计算过程中发现应用神经网络梯度下降法计算权矩阵时,对于漠道沟节制闸—放水河节制闸渠段设置 5 层隐含层时数据精度最高;对于放水河节制闸—蒲阳河节制闸渠段设置 4 层隐含层时数据精度最高;对于北易水节制闸—坟庄河节制闸渠段设置 6 层隐含层时数据精度最高,权矩阵见表 4.20~表 4.22。

　　对于南水北调中线京石段稳定调度状态下的研究,可为运行过程中水位、流量的预报提供科学依据,为进一步实现优化调度提供参考,以实现南水北调京石段科学调度、安全运行。但由于仪器、检测条件、环境等因素的影响和制约,测量值与客观存在的真实值之间总会存在着一定的差异,有待进一步的提高。影响计算精度的因素主要有以下两方面。

　　(1) 本次计算采用的仅为南水北调中线京石段第四次通水的数据,可利用数据资源不足,计算量不能满足高精度的需要,相信在日后运行年度充足、可用数据量大后,计算的数据会更具备参考价值。

　　(2) 本书通过最小二乘法与神经网络两种方法分别推求了闸门流量系数和渠道糙率,并对两种方法在计算精度和回归效果方面进行了分析比较。但没能充分地比较两种方法的优、缺点,相信在日后的学习研究过程中会有更深层次的理解。

　　总的来说,虽然通过对南水北调中线京石段工程第四次通水数据研究,通过两种回归分析方法确定了稳定调度状态下闸门流量系数渠段糙率,取得了预期效果,但是由于能力与精力的限制,本书还有许多亟待完善之处,这些问题将在今后的工作和学习中进行进一步的研究。

第5章 输水损失率分析

输水损失率是指输水损失水量与输水总量的比率,它是反映输水效率的重要指标[93]。分析影响输水损失率的因素对提高水资源利用效率和指导输水工程准确调度有重要意义。本次对损失率的计算,将冰期运行冰盖的形成也计算在冰期运行输水损失内,但就全年输水运行而言,对输水损失率不造成任何影响[94]。在南水北调京石段的运行中,在冰期会增大流量,以保证北京的正常供水。影响输水工程输水损失率的因素很多,对南水北调工程京石段来说,主要有如下方面。

(1) 渠道运行年份。

一般情况下输水工程初期运行时,输水的损失会大一些,随着工程运行时间的延长,输水损失率会有所减少并逐步趋于稳定。

(2) 渠道工程防渗质量。

渠道输水工程的输水损失主要来自于渗漏,渗漏损失的大小与工程地质条件、工程防渗质量等有关。

(3) 天气条件。

渠道输水工程的输水损失还有一方面来自于蒸发,其大小与当时的天气条件有关。夏天蒸发量相对较大,输水损失率相对较大;冬天蒸发量相对较小,输水损失率相对较小[95]。

(4) 输水流量。

输水损失和输水流量有关。输水流量越大,流速越快,水流传播时间相对越短,渗漏损失相对越小,输水损失率越小。

(5) 输水渠段长度。

输水渠段越长,水流传播时间越长,与渠道接触面积越大,渗漏损失越大,输水损失率越大。

(6) 输水水位。

输水水位越高,渗漏损失越大,输水损失率越大。

(7) 结冰量。

结冰量越大,输水损失率越大。随着融冰期的到来,冰盖融化参与输水运行,故对全年的输水量不造成损失。由于渠道中的结冰量目前难以测算,在计算冬季时段的输水损失时,难以定量计算结冰量带来的输水损失[96]。

5.1　输水损失率计算方法

输水损失率可以按上述各影响因素分别计算,但因影响因素多、需要的资料多且计算复杂。本次输水损失率计算采用水量平衡原理分不同典型时段进行。计算时段可分为:正常供水、冰期供水和汛期供水。某时段的输水损失率按下式计算:

$$p = \frac{w_p}{w_i - w_h} \tag{5.1}$$

式中,p 为输水损失率;w_p 为计算时段损失水量;w_i 为计算时段入渠水量,w_h 为渠道分水量。

$$w_p = (w_s - w_e) + w_i - w_j - w_h \tag{5.2}$$

式中,w_s 为计算时段初渠道水体体积;w_e 为计算时段末渠道水体体积;w_j 为计算时段内入京水量。

5.2　输水损失率分析

5.2.1　全年输水综合损失率计算

1. 历次通水综合损失率计算

南水北调中线工程京石段自 2008 年以来,共通水四次,本节将四次通水综合损失率进行计算,总结如表 5.1 所示。

表 5.1　四次通水输水损失率计算

第 n 次输水	时间	损失率/%
第一次输水	2008-09-21～2009-08-20	6.52
第二次输水	2010-05-25～2011-05-09	2.61
第三次输水	2011-07-22～2012-07-31	1.66
第四次输水	2012-12-21～2013-06-18	11.13

从表 5.1 可知,南水北调中线工程京石段自通水以来,输水损失率呈逐次递减的趋势。第四次根据所有的资料计算到 2013 年 6 月 18 号,输水损失率偏大是由于计算周期短,计算时间内滹沱河分水量和洗渠退水量较大。

2. 历次通水分月损失率计算

现将南水北调京石段输水工程的四次输水按月份计算输水损失率,但是有些月份出现了人为控制因素,如出现分水时,或者在输水末期退水时等。这些情况下人为的干预会导致损失率的变化,但这并不是本次研究的对象,因此此处不予计算。

现将月份损失率总结如表 5.2～表 5.5 所示。历次输水损失率与整体运行综合损失率关系图如图 5.1～图 5.4 所示。

表 5.2　第一次通水分月损失率计算

时间	损失率/%	时间	损失率/%
08-10-21～08-11-21	7.64	09-03-21～09-04-21	6.80
08-11-21～08-12-21	23.73	09-04-21～09-05-21	5.66
08-12-21～09-01-21	8.21	09-05-21～09-06-21	3.16
09-01-21～09-02-21	24.73	09-06-21～09-07-21	2.18
09-02-21～09-03-21	4.27	09-07-21～09-08-20	23.68

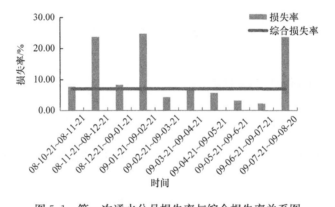

图 5.1　第一次通水分月损失率与综合损失率关系图

表 5.3　第二次通水冰期损失率计算

时间	损失率/%	时间	损失率/%
09-05-25～09-06-25	1.97	09-10-25～09-11-25	5.42
09-06-25～09-07-25	3.31	09-12-25～10-01-25	13.85
09-07-25～09-08-25	4.19	10-01-25～10-02-25	12.05
09-08-25～09-09-25	2.99	10-02-25～10-03-25	10.28
09-09-25～09-10-25	6.16	10-03-25～10-04-25	8.61

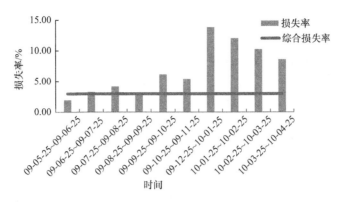

图 5.2　第二次通水分月损失率与综合损失率关系图

表 5.4　第三次通水冰期损失率计算

时间	损失率/%	时间	损失率/%
11-08-01～11-09-01	0.99	12-01-01～12-02-01	8.70
11-09-01～11-10-01	1.80	12-02-01～12-03-01	7.45
11-10-01～11-11-01	2.22	12-04-01～12-05-01	4.82
11-11-01～11-12-01	16.81	12-05-01～12-06-01	6.82
11-12-01～12-01-01	9.39	12-06-01～12-07-01	3.32

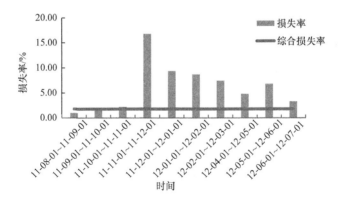

图 5.3　第三次通水分月损失率与综合损失率关系图

表 5.5　第四次通水冰期损失率计算

时间	损失率/%	时间	损失率/%
12-11-21～12-12-21	7.11	13-02-21～13-03-21	14.48
12-12-21～13-01-21	21.63	13-03-21～13-04-21	9.71
13-01-21～13-02-21	22.75	13-05-21～13-06-18	4.89

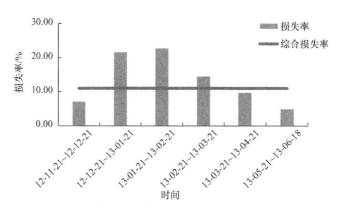

图 5.4　第四次通水分月损失率与综合损失率关系图

5.2.2　各阶段输水损失率计算

利用水体量变化计算原理对 2008～2013 年间四次通水数据进行分类计算,可得出不同通水阶段不同时期的输水损失率,表 5.6～表 5.17 为京石段四次输水损失率的计算值。

1. 第一次通水的输水损失率计算

表 5.6　第一次通水冰期损失率计算

序号	名称	结冰期		冰盖输水期		化冰期		冰期输水	
		08-12-11	08-12-22	08-12-22	09-02-01	09-02-01	09-02-21	08-12-11	09-02-21
1	入总干渠水量 /万 m³	8620	9788	9788	13406	13500	15395	8620	15395
2	入京总水量 /万 m³	5791	6596	6596	9773	9847	11317	5791	11317
3	渠道水体体积 /万 m³	1774	1900	1900	1907	1907	1841	1774	1841
4	分水量 /万 m³	0	0	0	0	0	0	0	0
5	入渠水量 /万 m³		1168		3618		1470		6775
6	入京水量 /万 m³		805		3177		1470		5526

续表

序号	名称	结冰期		冰盖输水期		化冰期		冰期输水	
		08-12-11	08-12-22	08-12-22	09-02-01	09-02-01	09-02-21	08-12-11	09-02-21
7	水体体积变化 /万 m³	−126		−7		66		−67	
8	分水量 /万 m³	0		0		0		0	
9	损失水量 /万 m³	237		434		66		1182	
10	损失率/%	20.29		12.00		4.49		17.45	

表 5.7　第一次通水汛期运行损失率计算

序号	名称	结冰期		冰盖输水期		化冰期		冰期输水	
		09-06-01	09-06-10	09-06-10	09-06-20	09-06-20	09-06-30	09-06-01	09-06-30
1	入总干渠水量 /万 m³	27987	29587	29587	31373	31373	33121	27987	33121
2	入京总水量 /万 m³	23456	25009	25009	26735	26735	28457	23456	28457
3	渠道水体体积 /万 m³	1322	1360	1360	1354	1354	1324	1322	1324
4	分水量 /万 m³	0	0	0	0	0	0	0	0
5	入渠水量 /万 m³	1600		1786		1748		5134	
6	入京水量 /万 m³	1553		1726		1722		5001	
7	水体体积变化 /万 m³	−38		6		30		−2	
8	分水量 /万 m³	0		0		0		0	
9	损失水量 /万 m³	9		66		56		131	
10	损失率/%	0.56		3.70		3.20		2.55	

表 5.8　第一次通水非汛期秋天运行损失率计算

序号	名称	结冰期		冰盖输水期		化冰期		冰期输水	
		08-10-01	08-10-22	08-10-22	08-11-20	08-11-20	08-12-10	08-10-01	08-12-10
1	入总干渠水量 /万 m³	1906	4390	4390	7049	7049	8515	1906	8515
2	入京总水量 /万 m³	509	2561	2561	4762	4762	5717	509	5717
3	渠道水体体积 /万 m³	1525	1683	1683	1650	1650	1789	1525	1789
4	分水量 /万 m³	0	0	0	0	0	0	0	0
5	入渠水量 /万 m³	2484		2659		1466		6609	
6	入京水量 /万 m³	2052		2201		955		5208	
7	水体体积变化 /万 m³	−158		33		−139		−264	
8	分水量 /万 m³	0		0		0		0	
9	损失水量 /万 m³	274		491		372		1137	
10	损失率/%	11.03		18.47		25.38		17.20	

　　对 2008～2009 年第一次输水损失率的计算结果进行分析得知：冰期、汛期、正常输水三个时期中，冰期输水损失率最大，正常运行次之，汛期输水损失率最小。其中冰期输水中以结冰期损失率最大，化冰期损失率最小。此次损失率计算将结冰也算入了输水损失里面，故冰期损失率较大，但冰层在融冰后一样参与输水，就全年输水运行来说，冰层对损失率不造成影响。此外，影响输水损失率另一重要因素为渗漏，冬天冰期土地较为干旱，渗漏现象较为严重，损失偏大；夏季汛期降水较多，土地较为湿润，渗漏现象较轻，损失较小。

2. 第二次通水输水损失率计算

表 5.9　第二次通水冰期损失率计算

序号	名称	结冰期		冰盖输水期		化冰期		冰期输水	
		10-12-17	11-01-10	11-01-10	11-02-05	11-02-14	11-02-25	10-12-17	11-02-25
1	入总干渠水量 /万 m³	27027	28616	29905	33266	34329	35305	27027	35305
2	入京总水量 /万 m³	24113.8	25369	26474	29280	30259	31409	24113.8	31409
3	渠道水体体积 /万 m³	1109.7	1276.3	1310.5	1327.7	1269.2	949	1109.7	949
4	分水量 /万 m³	0	0	0	0	0	0	0	
5	入渠水量 /万 m³	1589		3361		976		8278	
6	入京水量 /万 m³	1255.2		2806		1150		7295.2	
7	水体体积变化 /万 m³	−166.6		−17.2		320.2		160.7	
8	分水量 /万 m³	0		0		0		0	
9	损失水量 /万 m³	167.2		537.8		146.2		1143.5	
10	损失率/%	10.52		16.00		14.98		13.81	

表 5.10　第二次通水汛期损失率计算

序号	名称	结冰期		冰盖输水期		化冰期		冰期输水	
		10-07-01	10-07-31	10-08-01	10-08-31	10-09-01	10-09-30	10-07-01	10-09-30
1	入总干渠水量 /万 m³	5869	9915	10063	13931	14051	17765	5869	17765
2	入京总水量 /万 m³	3194.7	7015.8	7147.8	11028	11150.9	15012	3194.7	15012

序号	名称	结冰期		冰盖输水期		化冰期		冰期输水	
		10-07-01	10-07-31	10-08-01	10-08-31	10-09-01	10-09-30	10-07-01	10-09-30
3	渠道水体体积 /万 m³	1501.2	1473.5	1490.3	1359.3	1359.4	1149.9	1501.2	1149.9
4	分水量 /万 m³	0	0	0	0	0	0	0	0
5	入渠水量 /万 m³	4046		3868		3714		11896	
6	入京水量 /万 m³	3821.1		3880.2		3861.1		11817.3	
7	水体体积变化 /万 m³	27.7		131		209.5		351.3	
8	分水量 /万 m³	0		0		0		0	
9	损失水量 /万 m³	252.6		118.8		62.4		430	
10	损失率/%	6.24		3.07		1.68		3.61	

表 5.11　第二次通水非汛期秋天运行损失率计算

序号	名称	结冰期		冰盖输水期		化冰期		冰期输水	
		10-11-01	10-11-10	10-11-10	10-11-20	10-11-20	10-11-30	10-11-01	10-11-30
1	入总干渠水量 /万 m³	21708	22704	22704	23846	23846	25031	21708	25031
2	入京总水量 /万 m³	18974.6	20016.8	20016.8	21159.3	21159.3	22299	18974.6	22299
3	渠道水体体积 /万 m³	1126	1023	1023	943	943	939	1126	939
4	分水量 /万 m³	0	0	0	0	0	0	0	0
5	入渠水量 /万 m³	996		1142		1185		3323	

序号	名称	结冰期		冰盖输水期		化冰期		冰期输水	
		10-11-01	10-11-10	10-11-10	10-11-20	10-11-20	10-11-30	10-11-01	10-11-30
6	入京水量 /万 m³	1042.2		1142.5		1139.7		3324.4	
7	水体体积变化 /万 m³	103		80		4		187	
8	时段分水量 /万 m³	0		0		0		0	
9	损失水量 /万 m³	56.8		79.5		49.3		185.6	
10	损失率/%	5.70		6.96		4.16		5.59	

对 2010～2011 年第二次输水损失率的计算结果进行分析得知:冰期、汛期、正常输水三个时期中,冰期输水损失率最大,正常运行次之,汛期输水损失率最小。其中冰期输水中以冰盖期输水损失率最大,结冰期损失率最小。

3. 第三次通水的输水损失率计算

表 5.12　第三次通水冰期损失率计算

时段 / 名称	结冰期		冰盖输水期		化冰期		冰期输水	
	11-12-17	12-01-17	12-01-17	12-02-15	12-02-15	12-02-25	11-12-17	12-02-25
入总干渠水量/万 m³	17113	21297	21297	25167	25167	26499	17113	26499
入京总水量/万 m³	15565	19375	19375	22898	22898	24125	15565	24125
渠道水体体积/万 m³	1308	1328	1328	1322	1322	1335	1308	1335
分水量/万 m³	0	0	0	0	0	0	0	0
入渠水量/万 m³	4184		3870		1332		9386	
入京水量/万 m³	3810		3523		1227		8560	
水体体积变化/万 m³	−20		6		−13		−27	
分水量/万 m³	0		0		0		0	
损失水量/万 m³	354		353		92		799	
损失率/%	8.46		9.12		6.91		8.51	

表5.13　第三次通水汛期损失率计算

时段 名称	结冰期		冰盖输水期		化冰期		冰期输水	
	11-08-01	11-08-31	11-09-01	11-09-15	11-09-15	11-09-30	11-09-01	11-09-30
入总干渠水量/万 m³	1439	4309	4414	5805	5805	7175	4414	7175
入京总水量/万 m³	557.5	3580.2	3674	4937	4937	6277.3	3674	6277.3
渠道水体体积/万 m³	2442.2	2272.5	1397.3	1420.4	1420.4	1384.7	1397.3	1384.7
分水量/万 m³	0	0	0	0	0	0	0	0
入渠水量/万 m³	2870		1391		1370		2761	
入京水量/万 m³	3022.7		1263		1340.3		2603.3	
水体体积变化/万 m³	169.7		−23.1		35.7		12.6	
分水量/万 m³	0		0		0		0	
损失水量/万 m³	17		104.9		65.4		170.3	
损失率/%	0.59		7.54		4.77		6.17	

表5.14　第三次通水非汛期秋天运行损失率计算

时段 名称	结冰期		冰盖输水期		化冰期		冰期输水	
	11-11-01	11-11-30	11-11-01	11-11-10	11-11-10	11-11-20	11-11-20	11-11-30
入总干渠水量/万 m³	10937	14614	10937	12106	12106	13367	13367	14614
入京总水量/万 m³	9931.9	13487.9	9931.9	11036.4	11036.4	12266.8	12266.8	13487.9
渠道水体体积/万 m³	1963.2	1967	1963.2	2019.6	2019.6	1994	1994	1967
分水量/万 m³	0	0	0	0	0	0	0	0
入渠水量/万 m³	3677		1169		1261		1247	
入京水量/万 m³	3556		1104.5		1230.4		1221.1	
水体体积变化/万 m³	−3.8		−56.4		25.6		27	
分水量/万 m³	0		0		0		0	
损失水量/万 m³	117.2		8.1		56.2		52.9	
损失率/%	3.19		0.69		4.46		4.24	

　　对2011～2012年第三次输水损失率的计算结果进行分析得知:冰期、汛期、正常输水三个时期中,冰期输水损失率最大,正常运行次之,汛期输水损失率最小。其中冰期输水中以冰盖期输水损失率最大,化冰期损失率最小。

4. 第四次通水的输水损失率计算

表 5.15 第四次通水冰期损失率计算

时段 名称	结冰期		冰盖输水期		化冰期		冰期输水	
	12-12-17	13-01-18	13-01-18	13-02-17	13-02-17	13-03-09	12-12-17	13-03-09
入总干渠水量/万 m³	3516	6976	6976	10211	10211	12374	3516	12374
入京总水量/万 m³	1188	3895	3895	6377	6377	8069	1188	8069
渠道水体体积/万 m³	2741	2868	2868	2884	2884	2933	2741	2933
分水量/万 m³	0	0	0	0	0	0	0	0
入渠水量/万 m³	3460		3235		2163		8858	
入京水量/万 m³	2707		2482		1692		6881	
水体体积变化/万 m³	−127		−16		−49		−192	
分水量/万 m³	0		0		0		0	
损失水量/万 m³	626		737		422		1785	
损失率/%	18.09		22.78		19.51		20.15	

表 5.16 第四次通水汛期损失率计算

时段 名称	结冰期		冰盖输水期		化冰期		冰期输水	
	13-08-01	13-08-31	13-08-01	13-08-10	13-08-10	13-08-20	13-08-20	13-08-31
入总干渠水量/万 m³	29297	33004	29297	30222	30222	31332	31332	33004
入京总水量/万 m³	22871	26542	22871	23746	23746	24818	24818	26542
渠道水体体积/万 m³	1614.9	1540.1	1614.9	1661.3	1661.3	1665.4	1665.4	1540.1
分水量/万 m³	0	0	0	0	0	0	0	0
入渠水量/万 m³	3707		925		1110		1672	
入京水量/万 m³	3671		875		1072		1724	
水体体积变化/万 m³	74.8		−46.4		−4.1		125.3	
分水量/万 m³	0		0		0		0	
损失水量/万 m³	110.8		3.6		33.9		73.3	
损失率/%	2.99		0.39		3.05		4.38	

表 5.17　第四次通水非汛期春天运行损失率计算

时段 名称	结冰期		冰盖输水期		化冰期		冰期输水	
	13-03-09	13-05-24	13-03-09	13-03-22	13-03-22	13-04-19	13-04-19	13-05-24
入总干渠水量/万 m³	12374	21133	12374	14068	14068	16714	16714	21133
入京总水量/万 m³	8069	15169.8	8069	9307	9307	11928	11928	15169.8
渠道水体体积/万 m³	2042.9	1501.4	2042.9	2016.6	2016.6	1777.7	1777.7	1001.4
分水量/万 m³	0	2150	0	415	0	0	0	1735
入渠水量/万 m³	8759		1694		2646		4419	
入京水量/万 m³	7100.8		1238		2621		3241.8	
水体体积变化/万 m³	541.5		26.3		238.9		776.3	
分水量/万 m³	2150		415		0		1735	
损失水量/万 m³	49.7		67.3		263.9		218.5	
损失率/%	0.75		5.26		9.97		4.94	

对 2012～2013 年第四次输水损失率的计算结果进行分析得知:冰期、汛期、正常输水三个时期中,冰期输水损失率最大,正常运行次之,汛期输水损失率最小。其中冰期输水中以冰盖期输水损失率最大,结冰期损失率最小。

5.2.3　综合输水损失率汇总

根据实际通水的损失率计算结果,可统计得到四次通水的综合输水损失率见表 5.18。

表 5.18　四次通水综合输水损失率计算结果表

序号	第 n 次 通水	计算时段	典型运行工况	入京流量 /(m³/s)	入渠流量 /(m³/s)	输水 损失率/%
1		2008-10-01～2008-11-30	非汛期正常输水	10	12.98	17.2
2	一	2008-12-11～2009-02-21	冰期输水	9	11.6	17.5
3		2009-06-01～2009-06-30	汛期正常输水	20	20.7	2.6
4		2010-07-01～2010-09-30	汛期正常输水	14	15.1	3.6
5	二	2010-11-01～2010-11-30	非汛期正常输水	13.5	13.4	5.6
6		2010-12-17～2011-02-25	冰期输水	10	12	13.8

续表

序号	第 n 次通水	计算时段	典型运行工况	入京流量/(m³/s)	入渠流量/(m³/s)	输水损失率/%
7		2011-08-01～2011-08-31	汛期正常输水	10	11	0.59
8	三	2011-11-01～2011-11-30	非汛期正常输水	14	14.9	3.2
9		2011-12-17～2012-02-25	冰期输水	14	15.6	8.5
10		2012-12-17～2013-01-18	冰期输水	9.5	12.6	18.9
11	四	2013-03-09～2013-03-22	非汛期正常输水	10.8	13.7	5.26
12		2013-08-01～2013-08-31	汛期正常输水	14	14.1	2.99

　　根据表 5.18 中四次通水的输水损失率,与各典型运行工况绘制折线图见图 5.5。从图中可以看出,冰期输水损失率最大,非汛期正常输水损失率次之,汛期正常输水损失率最小。这是因为冰期输水时,北方天气寒冷,河道中结冰量大,造成入渠流量很大一部分以冰的形式滞留在渠道中,导致输水损失量很大。但冰层在融冰后一样参与输水,就全年输水运行来说,冰层对损失率不造成影响。汛期正常输水时,经常有降水补给,降水量越大,汇流入渠的水量越大,计算的输水损失率越小。此外,影响输水损失率的另一重要因素为渗漏,冬天冰期土地较为干旱,混凝土容易开裂,渗漏现象较为严重,损失率偏大;夏季汛期降水较多,土地较为湿润,渗漏现象较轻,损失率较小。

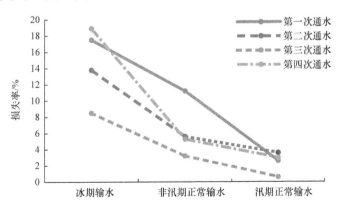

图 5.5　四次通水典型运行工况输水损失率

5.2.4　回归分析

　　根据表 5.6～表 5.17 中运行工况的入渠流量及相应输水损失率,绘制散点图,并拟合曲线,可得到图 5.6～图 5.8。

1. 冰期输水

由图 5.6 可见,2008~2013 年南水北调京石段输水工程在冰期运行时,入渠流量越大,输水损失率越小。输水流量越大,流速越快,水流传播时间相对较短,与渠道表面接触时间越短,渗漏损失相对较小,输水损失率也就越小。

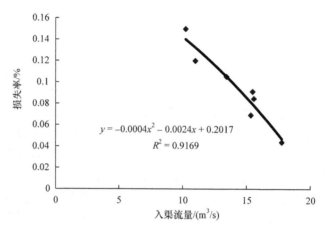

图 5.6 冰期输水入渠流量与输水损失率关系

2. 汛期输水

在图 5.7 中,无法找到 2008~2013 年南水北调京石段输水工程入渠流量和损失率之间的相关关系。这种结果可能由多种因素导致:①南水北调京石段输水工程只运行了 4 年多,时间相对较短,规律并不明显;②此次计算的基础数据不够完

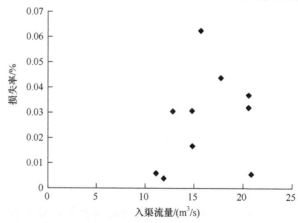

图 5.7 汛期输水入渠流量与输水损失率关系

全,尤其是第一次和第二次输水的基础数据缺失较多;③在汛期计算中,沿线的降雨观测数据不够或者根本没有观测,损失的水量被降雨所补给,也是导致此次计算结果得不到具体规律的原因之一。

3. 非汛期正常输水

由图 5.8 可见,2008～2013 年南水北调京石段输水工程在非汛期正常期运行时,入渠流量越大,输水损失率越小。输水流量越大,流速越快,水流传播时间相对较短,与渠道表面接触时间越短,渗漏损失相对较小,输水损失率也就越小。

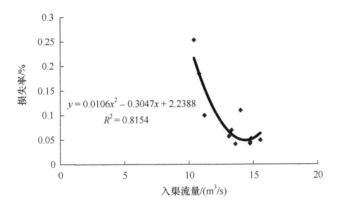

图 5.8　非汛期正常输水入渠流量与输水损失率关系

5.3　本章小结

(1)南水北调中线工程京石段第一次到第三次通水,输水损失率呈逐次递减的趋势。第四次输水根据所有的资料计算到 2013 年 6 月 18 号,输水损失率偏大是由于计算周期短,计算时间内滹沱河分水量和洗渠退水量较大。

(2)冰期输水损失率最大,非汛期正常输水损失率次之,汛期正常输水损失率最小。这是因为冰期输水时,北方天气寒冷,河道中结冰量大,造成入渠流量很大一部分以冰的形式滞留在渠道中,导致输水损失量很大,但冰层在融冰后一样参与输水,就全年输水运行来说,冰层对损失率不造成影响。汛期正常输水时,经常有降水补给,降水量越大,汇流入渠的水量越大,计算的输水损失率越小。此外,影响输水损失率另一重要因素为渗漏,冬天冰期土地较为干旱,混凝土容易开裂,渗漏现象较为严重,损失率偏大;夏季汛期降水较多,土地较为湿润,渗漏现象较轻,损失率较小。

(3)通过对南水北调京石段冰期运行输水损失的分析,得到了入渠流量与输水损失率的关系,拟合其相关关系式为 $y=-0.0004x^2-0.0024x+0.2017$。在冰期运行时,入渠流量越大,输水损失率越小,且冰盖期的输水损失率最大。

（4）通过对南水北调京石段非汛期输水正常运行输水损失的分析,得到了入渠流量与输水损失率的关系,并拟合其相关关系式为 $y=0.0106x^2-0.3047x+2.2388$。可以得出:在非汛期输水正常运行时,入渠流量越大,输水损失率越小。

（5）汛期输水运行无法找到明显的规律,这是因为:南水北调京石段输水工程只运行了 4 年多,时间相对较短,规律可能并不能非常明显地体现。另外,此次计算的基础数据不够完全,尤其是第一次和第二次输水的基础数据缺失较多。此外,在汛期计算中,沿线的降雨观测数据不够或者根本没有观测,损失的水量被降雨所补给,也是导致此次计算结果得不到具体规律的原因之一。在今后的输水中,我们应加强沿线降水的监测工作,为今后全线调度运行做好充分的准备。

第 6 章　充水阶段规律分析

渠道充水是供水的第一个阶段,可靠合理的充水方案既能迅速准确地满足北京市对供水时间和流量的要求,也是建筑物安全运行的保证,所以对充水阶段规律进行分析是非常必要的。本章主要内容是研究充水过程中水流的反应时间,总结历史上充水的方法和规律,包括以下方面:

(1) 统计出京石段历次通水的数据,对此部分数据进行研究;

(2) 分析每次通水时各节制闸的状态是关闭还是全开,以此分析工程是逐个渠道充满水后再开始供水,还是有一定的水深后即供水,在后续过程中再逐步抬高水位[97];

(3) 分析在逐段充水情况下各节制闸开启时的水位,不同长度渠段水流到达各节制闸的时间等。

6.1　充水方案的选择

渠道的充水通常有以下两种方案。

1) 边充水边供水的运行方案

该方案中,充水过程包括初始充水阶段和边充水边供水两个阶段。

第一阶段为初始充水阶段。首先对渠首至北拒马河节制闸间的明渠进行充水,初始充水量为沿线所有的渠道倒虹吸充满水、渠道水深不小于 2m 时的水体体积,需要的充水时间约 5 天。

第二阶段为边充水边供水阶段。在初始充水后,供水明渠段最末端北拒马河节制闸开始控制出闸流量为 10m³/s,当北拒马河节制闸闸前水位到达闸前控制水位时,控制上一级节制闸出流流量为 10m³/s。以此类推,逐级自下而上直至各节制闸闸前水位都达到目标控制水位,充水过程即结束。本阶段充水时间约 13 天,运行和边充水边供水期间,北京的供水流量不小于 10m³/s。

该方案的优点是供水更及时,但供水过程中需要对闸门进行多次调节才能达到稳定的状态。

2) 逐段递推充水

该方案自上而下逐渠段完成对渠道充水、水力控制设施的调试等工作,此后按计划向北京供水。

由于北京段已先期完成充水,此次充水范围为渠首至北拒马河节制闸。充水目标为:充水段各节制闸前水位达到目标控制水位,具备向北京正常供水的条件。充水方式如下。

首先将渠首段水位充至目标水位,然后开启下游节制闸,对下一渠段充水,同时利用渠首段进出流量差对渠首段继续充水。待第二渠段充至目标水位,开启第二渠段下游节制闸,依此类推,最后各渠段同时达到目标状态,开始向北京供水。该方案调度控制的关键在于制定各渠段的充渠流量、节制闸开启滞后时间及各渠段的启动水位,以保证各渠道同时达到充水目标状态。

该方案的优点是容易达到稳定状态,但向北京供水时间要延迟。

两方案各有利弊。但京石段输水工作具有应急性、临时性等显著特点,因此采用边充边供方案更为合适。分析四次输水充水过程,除 2008~2009 年通水的充水方式不明显外,2010 年以后的三次通水全都采用了边充水边供水的方案,下面主要针对边充水边供水的方案进行总结分析。

6.2 历次通水过程充水情况

京石段正常输水前,需预先对渠道进行充水,充水阶段由岗南和黄壁庄水库供水。岗南、黄壁庄为串联水库,首先从岗南水库放水至黄壁庄水库,然后由黄壁庄水库放水至石津干渠,石津干渠经输水连接段输水到京石段总干渠。

充水开始时石津引水闸、磁河节制闸、漠道沟节制闸、放水河节制闸、蒲阳河节制闸、岗头节制闸、北易水节制闸、坎庄河节制闸等 8 个闸门全部打开,北拒马河节制闸关闭。下面依据四次通水时充水阶段的数据资料,将四次通水的充水过程进行介绍。

6.2.1 第一次通水(2008 年 9 月 18 日~2009 年 8 月 19 日)

分析发现,第一次通水时充水过程资料不全、人为控制痕迹明显,充水规律不清晰,既不属于逐段充水,也不属于边充边供,所以在此不作详述。

6.2.2 第二次通水(2010 年 5 月 25 日~2011 年 5 月 9 日)

2010 年 5 月 25 日 9:00 黄壁庄水库开闸放水,5h 后水头到达石津引水闸,此时,闸前水位 84.881m,闸后水位 71.3m,开度为 1.5m,而后保持 1.5~1.7m 开度直到充水结束。充水阶段入干渠平均流量是 25.46 m³/s。引水闸开闸后从磁河节制闸到北拒马河节制闸 7 个闸门充水时的状态分三个阶段叙述。

第一阶段:水头到达,开大闸门充水。石津引水闸开闸后,水头陆续到达各节制闸,到达各闸门的时间及到达时闸门的开度、水位见表 6.1。

表 6.1　水头到达时各闸门数据表

开闸时刻	节制闸	滞后时间/h	开度/m	闸前水位/m	闸后水位/m
2010-05-25 14:00	石津引水闸	参照起点	1.50	84.881	71.300
2010-05-26 02:00	1-磁河	12.00	2.60	69.443	69.439
2010-05-26 16:00	2-漠道沟	14.00	4.50	67.266	67.262
2010-05-27 12:00	3-蒲阳河	20.00	3.60	65.025	64.994
2010-05-28 00:00	4-岗头	12.00	4.5/3.0	61.938	61.916
2010-05-29 10:00	5-北易水	16.00	0.00	60.120	58.542
2010-05-29 16:00	6-坟庄河	6.00	4.20	59.130	59.020
2010-05-30 00:00	7-北拒马河	8.00	0.00	58.654	56.571

水头到达北易水节制闸前,关闭节制闸。水头先到达北易水退水闸,通过退水闸将洗渠污水排出,然后再打开节制闸,经过 6 次提升,闸门开到最大,继续充水,北易水弃水过程详见表 6.2。

表 6.2　北易水节制闸弃水过程表

时间	滞后时间 /h	退水闸 状态	节制闸		
			开度/m	闸前水位/m	闸后水位/m
2010-05-28 00:00	岗头节制闸开闸				
2010-05-28 13:51	13.85	开启			
2010-05-28 16:00	2.15		0.00	60.120	58.542
2010-05-29 10:00	18.00		0.05	61.270	58.830
2010-05-29 11:46	1.77	关闭			
2010-05-29 20:00	8.23		全开	60.900	60.860

坟庄河节制闸开闸 1.5h 后,北拒马河退水闸打开,排放洗渠的污水。开启退水闸后 6.5h,水头到达北拒马河节制闸。此时,北拒马节制闸关闭,闸前水位是 58.80m;退水闸开启 13h 后,洗渠的污水已经排完,北拒马河退水闸关闭。

第二阶段:减小闸门开度,调节水位。经过第一阶段大开度充水后,北拒马节制闸前渠道内全部有水,开始逐步减小各闸门开度,使其逐渐达到目标水位。

岗头节制闸开闸 16h 后,开始减小开度;之后经过 28h,磁河节制闸、漠道沟节制闸、蒲阳河节制闸开始同时减小开度;又过 6h,北易水节制闸和坟庄河节制闸同时减小开度。各节制闸减小开度时的开度、水位见表 6.3。

表 6.3　减小开度时各闸门数据表

时间	节制闸	滞后时间/h	开度/m	闸前水位/m	闸后水位/m
2010-05-28 00:00	参照起点	岗头开闸			
2010-05-28 16:00	4-岗头	16.00	0.50	63.070	62.676
2010-05-29 20:00	1-磁河	28.00	0.55	70.643	70.279
2010-05-29 20:00	2-漠道沟	同磁河	0.65	68.304	68.025
2010-05-29 20:00	3-蒲阳河	同磁河	0.65	66.025	65.804
2010-05-30 02:00	5-北易水	6.00	0.70	61.150	60.700
2010-05-30 02:00	6-坟庄河	同北易水	0.60	60.200	59.700

在各闸门闸前水位到达目标水位前,需对闸门开度进行多次调节,闸门的调节过程详见表 6.4。

表 6.4　闸门调节过程表

节制闸	时间	开度/m	闸前水位/m	闸后水位/m	闸门调节次数
	2010-05-29 18:00	2.60	70.413	70.379	
1-磁河	2010-05-29 20:00	0.55	70.643	70.279	5
	2010-05-31 12:00	0.20	72.395	70.219	
	2010-05-29 18:00	4.50	68.141	68.122	
2-漠道沟	2010-05-29 20:00	0.65	68.304	68.025	7
	2010-05-31 10:00	0.12	69.841	67.437	
	2010-05-29 18:00	4.20	65.955	65.894	
3-蒲阳河	2010-05-29 20:00	0.65	66.025	65.804	10
	2010-06-01 12:00	0.10	67.155	65.134	
	2010-05-28 14:00	4.50	62.710	62.706	
4-岗头	2010-05-28 16:00	0.50	63.070	62.676	7
	2010-05-31 00:00	0.05	65.050	62.296	
	2010-05-30 00:00	全开	60.900	60.860	
5-北易水	2010-05-30 02:00	0.70	61.150	60.700	3
	2010-05-30 06:00	0.50	61.520	60.700	
	2010-05-30 00:00	4.20	59.860	59.800	
6-坟庄河	2010-05-30 02:00	0.60	60.200	59.700	4
	2010-05-30 14:00	0.10	60.960	59.560	

注:表中各节制闸 3 个时间点依次表示减小开度前、减小开度时、达到目标水位时。

水头到达北拒马河节制闸 32h 后,闸门打开向北京供水。此时开度是 0.2m,闸前水位是 60.004m,闸后水位是 58.565m。

第三阶段:逐渐达到目标水位,充水阶段完成。各闸门减小开度之后,闸前水位逐渐达到目标控制水位,等所有节制闸闸前水位到达目标水位时,充水阶段结束。各闸门达到目标水位的时间、开度、水位见表6.5。

表6.5　达到目标水位时各闸门数据表

到达目标水位时刻	节制闸	目标水位/m	滞后时间/h	开度/m	闸前水位/m	闸后水位/m
2010-05-28 16:00	参照起点	水头到达北易水节制闸				
2010-05-30 06:00	5-北易水	61.54	38.00	0.50	61.520	60.700
2010-05-30 14:00	6-坟庄河	60.90	8.00	0.10	60.960	59.560
2010-05-31 00:00	4-岗头	65.52	10.00	0.05	65.050	62.296
2010-05-31 10:00	2-漠道沟	69.82	10.00	0.12	69.841	67.437
2010-05-31 12:00	1-磁河	72.38	2.00	0.20	72.395	70.219
2010-05-31 16:00	7-北拒马河	60.30	4.00	0.39	60.094	59.535
2010-06-01 12:00	3-蒲阳河	67.14	20.00	0.10	67.155	65.134

注:充水结束时岗头和北拒马河节制闸的闸前水位取与目标水位差值最小的值。

至此,磁河节制闸、漠道沟节制闸、蒲阳河节制闸、岗头节制闸、北易水节制闸、坟庄河节制闸、北拒马河节制闸均已达到目标控制水位,充水过程结束。

6.2.3　第三次通水(2011 年 7 月 21 日~2012 年 7 月 31 日)

2011 年 7 月 21 日 8:00 黄壁庄水库开闸放水,6.5h 后水头到达石津引水闸。2011 年 7 月 22 日 10:00 引水闸闸前水位 85.261m,闸后水位 71.865m,开度为 1.7m,保持此开度直到充水结束。充水第一天入干渠流量是 9.9 m^3/s,而后 7 天入渠平均流量是 17.93 m^3/s。引水闸开闸后从磁河节制闸到北拒马河节制闸 7 个闸门充水时的状态分三个阶段叙述。

第一阶段:水头到达,开大闸门充水。石津引水闸开闸后,水头陆续到达各节制闸,到达各闸门的时间、开度、水位见表 6.6。

表6.6　水头到达时各闸门数据表

开闸时刻	节制闸	滞后时间/h	开度/m	闸前水位/m	闸后水位/m
2011-07-21 14:30	石津引水闸	参照起点			
2011-07-22 10:00	1-磁河	19.5	4.00	69.698	69.671
2011-07-23 04:00	2-漠道沟	18.00	1.30	67.401	67.377
2011-07-24 00:00	3-蒲阳河	20.00	4.00	64.971	64.955
2011-07-24 10:00	4-岗头	10.00	4.00	61.960	61.910
2011-07-25 00:00	5-北易水	14.00	0.00	59.460	58.940
2011-07-25 14:00	6-坟庄河	14.00	4.00	59.151	59.092
2011-07-25 20:00	7-北拒马河	6.00	0.00	59.099	56.805

水头到达北易水节制闸前,关闭节制闸。水头先到达北易水退水闸,通过退水闸将洗渠污水排出,然后再打开节制闸,通过两次提升闸门开到 5.2m,继续充水。北易水弃水过程见表 6.7。

表 6.7　北易水节制闸弃水过程表

时间	滞后时间/h	退水闸状态	节制闸		
			开度/m	闸前水位/m	闸后水位/m
2011-07-24 10:00	岗头节制闸开闸				
2011-07-24 22:13	12.22	开启			
2011-07-25 00:00	1.78		0.00	59.460	58.940
2011-07-25 09:44	9.73	关闭			
2011-07-25 10:00	0.27		0.30	60.700	59.420
2011-07-25 12:00	2.00		5.20	60.410	60.290

坟庄河节制闸开闸 2.5h 后,北拒马河退水闸打开,排放洗渠的污水;1.08h 后弃水结束,退水闸关闭。坟庄河节制闸开闸 6h 后,水头到达北拒马河节制闸。此时,北拒马河节制闸关闭,闸前水位是 59.099m。

第二阶段:减小闸门开度,调节水位。北拒马河节制闸经过第一阶段大开度充水后,前渠道内全部有水,然后开始逐渐减小各闸门开度,调节水位。

坟庄河节制闸开闸 6h 后,磁河节制闸、漠道沟节制闸、蒲阳河节制闸、岗头节制闸、北易水节制闸、坟庄河节制闸同时减小开度,此时各闸门的开度、水位见表 6.8。

表 6.8　减小开度时各闸门数据表

时间	节制闸	滞后时间/h	开度/m	闸前水位/m	闸后水位/m
2011-07-25 14:00	参照起点	坟庄河开闸			
2011-07-25 20:00	6-坟庄河	6.00	0.60	59.841	59.472
2011-07-25 20:00	5-北易水	同坟庄河	0.70	60.800	60.740
2011-07-25 20:00	4-岗头	同坟庄河	0.50	63.550	62.700
2011-07-25 20:00	3-蒲阳河	同坟庄河	0.65	65.796	65.605
2011-07-25 20:00	2-漠道沟	同坟庄河	0.65	68.221	67.977
2011-07-25 20:00	1-磁河	同坟庄河	4.0/0.5/4.0	70.346	70.311

各闸门闸前水位到达目标水位前,闸门开度经过多次调节,调节闸门的过程见表 6.9。

表 6.9　闸门调节过程表

节制闸	时间	开度/m	闸前水位/m	闸后水位/m	调节次数
	2011-07-25 18:00	4.00	70.353	70.318	
1-磁河	2011-07-25 20:00	4.0/0.5/4.0	70.346	70.311	10
	2011-07-28 00:00	0.16	72.382	70.022	
	2011-07-25 18:00	4.00	68.101	68.047	
2-漠道沟	2011-07-25 20:00	0.65	68.221	67.977	10
	2011-07-29 08:00	0.16	69.811	67.777	
	2011-07-25 18:00	4.00	65.691	65.675	
3-蒲阳河	2011-07-25 20:00	0.65	65.796	65.605	7
	2011-07-29 06:00	0.13	67.131	65.265	
	2011-07-25 18:00	4.00	62.960	62.880	
4-岗头	2011-07-25 20:00	0.50	63.550	62.700	3
	2011-07-26 10:00	0.20	64.700	62.400	
	2011-07-25 18:00	5.20	60.570	60.570	
5-北易水	2011-07-25 20:00	0.70	60.800	60.740	2
	2011-07-26 08:00	0.40	61.550	61.080	
	2011-07-25 18:00	4.00	59.511	59.502	
6-坟庄河	2011-07-25 20:00	0.60	59.841	59.472	3
	2011-07-26 06:00	0.18	60.881	59.832	

注:表中各节制闸三个时间点依次表示减小开度前、减小开度时、达到目标水位时。

　　水头到达北拒马河节制闸 14h 后,打开闸门向北京供水。此时开度是 0.1m,闸前水位是 59.909m,闸后水位是 56.715m。

　　第三阶段:逐渐达到目标水位,充水阶段完成。各闸门减小开度之后,闸前水位逐渐达到目标控制水位,等所有节制闸闸前水位到达目标水位时,充水阶段结束。各闸门达到目标水位的时间、开度、水位见表 6.10。

表 6.10　达到目标水位时各闸门数据表

到达目标水位时刻	节制闸	目标水位/m	滞后时间/h	开度/m	闸前水位/m	闸后水位/m
2011-07-25 14:00	参照起点		坟庄河开闸			
2011-07-26 06:00	6-坟庄河	60.900	16.00	0.18	60.881	59.832
2011-07-26 08:00	5-北易水	61.540	2.00	0.40	61.550	61.080
2011-07-26 10:00	4-岗头	64.700	2.00	0.20	64.700	62.400
2011-07-26 14:00	7-北拒马河	60.000	4.00	0.30	60.014	59.635

续表

到达目标水位时刻	节制闸	目标水位/m	滞后时间/h	开度/m	闸前水位/m	闸后水位/m
2011-07-28 00:00	1-磁河	72.380	34.00	0.16	72.382	70.022
2011-07-29 06:00	3-蒲阳河	67.140	30.00	0.13	67.131	65.265
2011-07-29 08:00	2-漠道沟	69.820	2.00	0.16	69.811	67.777

　　至此,磁河节制闸、漠道沟节制闸、蒲阳河节制闸、岗头节制闸、北易水节制闸、坟庄河节制闸、北拒马河节制闸均已达到目标控制水位,充水过程结束。

6.2.4　第四次通水(2012 年 11 月 21 日～2013 年 11 月 11 日)

　　2012 年 11 月 21 日 10:00 黄壁庄水库开闸放水,10h 后水头到达石津引水闸。此时,引水闸闸门关闭,闸前水位 84.321m。2012 年 11 月 22 日 0:00 引水闸打开,闸前水位是 85.691m,开度 1.5m,之后保持 2.0m 开度直到充水结束。充水前 6 天,入总干渠流量较大,平均流量为 24.45 m^3/s。从第 7 天开始入总干渠流量逐渐从 14.9 m^3/s 减小到 11.3 m^3/s。引水闸开闸后从磁河节制闸到北拒马河节制闸 8 个闸门充水时的状态分三个阶段叙述。

　　第一阶段:水头到达,开大闸门充水。石津引水闸开闸后,水头陆续到达各节制闸,到达各闸门的时间、开度、水位见表 6.11。

表 6.11　水头到达时各闸门数据表

开闸时刻	节制闸	滞后时间/h	开度/m	闸前水位/m	闸后水位/m
2012-11-21 20:00	石津引水闸	参照起点	0.00	84.321	68.879
2012-11-22 10:00	1-磁河	14.00	全开/全开/全开	69.878	69.835
2012-11-22 22:00	2-漠道沟	12.00	全开/全开/全开	66.970	66.920
2012-11-23 12:00	新增-放水河	14.00	5.00	65.441	65.630
2012-11-23 18:00	3-蒲阳河	6.00	全开	64.821	64.805
2012-11-24 06:00	4-岗头	12.00	2.00	62.120	61.870
2012-11-24 22:00	5-北易水	16.00	3.7/4.2	59.800	59.780
2012-11-25 02:00	6-坟庄河	4.00	全开	58.751	58.717
2012-11-25 10:00	7-北拒马河	8.00	0.00	58.164	56.835

　　注:本次通水增加放水河节制闸参与调度。

　　此次通水,北易水节制闸与二、三次通水不同,充水阶段没有进行弃水,而是与其他节制闸一样,大开度充水。

　　坟庄河节制闸开闸 8h 后,水头到达北拒马河节制闸。18h 后北拒马河退水闸打开,排出洗渠的污水;又过了 30h 弃水结束,退水闸关闭。此过程中,北拒马河节制闸的详细数据见表6.12。

表 6.12　北拒马河节制闸弃水过程表

时间	滞后时间/h	退水闸状态	开度/m	闸前水位/m	闸后水位/m
2012-11-25 02:00	坟庄河节制闸开闸				
2012-11-25 10:00	8.00		0.00	58.164	56.835
2012-11-26 04:00	18.00	开启	0.00	59.324	56.835
2012-11-27 10:00	30.00	关闭	0.00	58.944	56.835

第二阶段:减小闸门开度,调节水位。经过第一阶段大开度充水后,北拒马河节制闸前渠道内全部有水,磁河节制闸到坟庄河节制闸7个闸门开始陆续减小开度,调节水位,见表6.13。

表 6.13　减小开度时各闸门数据表

时间	节制闸	滞后时间/h	开度/m	闸前水位/m	闸后水位/m
2012-11-24 22:00	参照起点	北易水节制闸开闸			
2012-11-25 10:00	5-北易水	12.00	2.3/2.3	60.760	60.720
2012-11-25 20:00	4-岗头	10.00	1.00	63.410	62.930
2012-11-26 00:00	3-蒲阳河	4.00	3.50	65.801	65.815
2012-11-26 02:00	新增-放水河	2.00	1.30	66.521	66.400
2012-11-26 20:00	2-漠道沟	18.00	1.00	68.380	68.210
2012-11-27 14:00	6-坟庄河	18.00	1.00	59.501	59.407
2012-11-27 18:00	1-磁河	4.00	2.00	70.578	70.506

各闸门闸前水位到达目标水位前,闸门开度经过多次调节,调节闸门的过程见表6.14。

表 6.14　闸门调节过程表

节制闸	时间	开度/m	闸前水位/m	闸后水位/m	调节次数
	2012-11-27 16:00	4/全开/全开	70.560	70.507	
1-磁河	2012-11-27 18:00	2.00	70.578	70.506	4
	2012-11-30 20:00	0.00	72.147	71.082	
	2012-11-26 18:00	全开	68.250	68.210	
2-漠道沟	2012-11-26 20:00	1.00	68.380	68.210	5
	2012-11-28 14:00	0.30	69.620	69.270	

续表

节制闸	时间	开度/m	闸前水位/m	闸后水位/m	调节次数
新增-放水河	2012-11-26 00:00	5.00	66.521	66.400	
	2012-11-26 02:00	1.30	66.521	66.400	9
	2012-11-28 02:00	0.13	69.041	66.900	
3-蒲阳河	2012-11-25 22:00	全开	65.801	65.815	
	2012-11-26 00:00	3.50	65.801	65.815	12
	2012-11-29 04:00	0.00	67.341	65.365	
4-岗头	2012-11-25 18:00	4.1/4.0	63.180	62.950	
	2012-11-25 20:00	1.00	63.410	62.930	3
	2012-11-26 00:00	0.10	64.660	62.660	
5-北易水	2012-11-25 08:00	3.7/4.2	60.690	60.690	
	2012-11-25 10:00	2.3/2.3	60.760	60.720	2
	2012-11-25 16:00	全关	61.720	60.120	
6-坟庄河	2012-11-27 12:00	全开	59.321	59.277	
	2012-11-27 14:00	1.00	59.501	59.407	5
	2012-11-28 08:00	0.05	60.721	60.222	

注:各节制闸三个时间点依次表示减小开度前、减小开度时、达到目标水位时。

第三阶段:逐渐达到目标水位,充水阶段完成。各闸门减小开度之后,闸前水位逐渐达到目标控制水位,等所有节制闸闸前水位到达目标水位时,充水阶段结束。各闸门达到目标水位的时间、开度、水位见表6.15。

表6.15 达到目标水位时各闸门数据表

到达目标水位时刻	节制闸	目标水位/m	滞后时间/h	开度/m	闸前水位/m	闸后水位/m
2012-11-24 22:00	参照起点北易水节制闸开闸					
2012-11-25 16:00	5-北易水	61.360	18.00	全关	61.720	60.120
2012-11-26 00:00	4-岗头	64.610	8.00	0.10	64.660	62.660
2012-11-28 02:00	新增-放水河	69.010	50.00	0.13	69.041	66.900
2012-11-28 02:00	7-北拒马河	60.000	0.00	0.00	60.064	56.835
2012-11-28 08:00	6-坟庄河	60.640	6.00	0.05	60.721	60.222
2012-11-28 14:00	2-漠道沟	69.600	6.00	0.30	69.620	69.270
2012-11-29 04:00	3-蒲阳河	68.000	14.00	0.00	67.341	65.365
2012-11-30 20:00	1-磁河	72.076	40.00	0.00	72.147	71.082

注:充水结束时北易水和蒲阳河节制闸的闸前水位取与目标水位差值最小的值。

至此,磁河节制闸、漠道沟节制闸、放水河节制闸、蒲阳河节制闸、岗头节制闸、北易水节制闸、坎庄河节制闸、北拒马河节制闸均已达到目标控制水位,充水过程结束。

6.3 两种充水方式洗渠退水比较分析

6.3.1 几次充水阶段洗渠退水情况

第一次输水原定采用逐段充水的方案,在滹沱河退水闸、唐河退水闸、北易水退水闸排掉洗渠污水,退水量分别为 10.6 万 m³、58 万 m³、126 万 m³,从黄壁庄提闸放水到浑水水头到达北拒马河节制闸总耗时 157h。

第二、三次输水均采用边充边供的方案,在北易水退水闸、北拒马河退水闸退水。第二次输水,北易水闸退水 110 万 m³,从黄壁庄提闸放水到北拒马河退水完毕,开闸向北京供水总耗时 117.5h;第三次输水,北易水退水 21.3 万 m³,北拒马河退水 400 m³,从黄壁庄提闸放水到北拒马河退水完毕,开闸向北京供水总耗时 107.5h。

6.3.2 洗渠退水比较分析

由上可知,当采用逐段充水方式充水时,渠道可以分段冲洗,根据实际情况在多个退水闸退掉洗渠污水。此方案优点是渠道冲洗干净程度高,不会对北易水退水闸造成过大压力,便于根据运行情况调整冲洗方案;缺点是耗时较长,达不到以最短时间向北京供水的目标。

当采用边充边供方式充水时,全部闸门打开,以大流量冲渠,只在北易水退水闸、北拒马河退水闸退水。此方案优点是能确保以最短时间向北京供水,缺点是北易水退水闸退水压力偏大。

综合四次通水数据来看,除前两次输水渠道未完全建成、杂物较多,洗渠水量较大以外,后两次渠道较干净,洗渠水量较小。京石段正常运行之后,预计正常情况下渠道不会太脏,洗渠水量与第三次通水相仿,故采用边充边供的方式充水,在确保北易水退水闸、北拒马河退水闸安全的前提下,也能满足洗渠要求,同时也能完成以最短时间向北京供水的目标。

6.4 本章小结

充水是供水的第一阶段,可靠合理的充水方案既是满足供水时间和流量要求的前提,又是工程输水运行安全的重要保障。本章根据京石段四次输水充水记录,对京石段充水方案进行了详细分析,得到以下结论。

(1) 四次输水中,除第一次充水方式混合以外,第二、三、四次输水充水阶段都采用了边充水边供水的方式。

(2) 充水阶段总用时:第二次约 7 天、第三次约 8 天、第四次约 9 天。一般是前 4～5 天进行大开度冲渠,大约第 5～6 天北拒马河节制闸打开向北京供水。

(3) 充水阶段一般调度流程为:①关闭北易水节制闸和北拒马河节制闸,打开其他所有节制闸,由黄壁庄水库放水,水头到达石津引水闸,引水闸保持开度 2.0m 直到充水结束,而其他闸门全开,进行大开度充水。②当水头到达北易水节制闸时,先通过退水闸排放洗渠污水,而后再将节制闸全开继续充水;水头到达北拒马河退水闸时,打开闸门排放洗渠污水,排完之后关闭退水闸,等北拒马河节制闸前水位距目标水位 0.194m 时,打开节制闸,开度 0.13m 向北京供水。③逐步减小磁河到北拒马河 8 个节制闸开度,使各节制闸闸前水位依次达到目标控制水位,充水阶段结束。

第7章 水文时间序列相关特性分析方法

7.1 水文时间序列的概念

水文时间序列分析是揭示和认识水文过程变化特性的有效手段和重要途径。国内外很多水文学者都在对水文时间序列进行相关的研究,也取得了很多极为有价值的研究成果[98-101]。这些研究成果为以后水科学领域更深层次的研究奠定了坚实的理论基础。水文时间序列组成复杂多变。一般的,水文时间序列可以认为是由确定性成分与随机性成分线性叠加而成,其中确定性成分又包括趋势、跳跃和周期性成分,因此,水文时间序列也就认为是由趋势、跳跃和周期性成分以及随机成分线性叠加而成[102]。水文时间序列 X_t 可表示为多种成分的线性叠加,即

$$X_t = N_t + P_t + S_t \tag{7.1}$$

式中,N_t 为确定的非周期成分,包括趋势、跳跃、突变;P_t 为确定的周期成分,包括简单周期、复合周期和近似周期;S_t 为纯随机周期,包括平稳和非平稳两种情况。

随机函数随时间 t 取离散值,称为随机序列或时间序列。实际随机水文过程一般是连续的,为了研究和计算方便,常将连续过程转化为离散过程,即水文时间序列[103]。通常采用下述三种手段之一将连续过程转化为离散过程(水文时间序列)。

(1)取时间区间上的平均值,如对流量过程以月为时间区间的月平均流量,组成月平均流量序列。

(2)按某种规则选择特征值,如大流量,按洪峰在年内最大规则挑选年最大流量,组成年最大流量序列。

(3)在离散时刻上取样,如每日定时实测水位,组成定时水位序列。

随机水文过程与水文时间序列,就其本质而言是相同的,只不过后者侧重表示离散性。水文学一个重要的研究途径就是利用现有的分析技术对水文时间序列进行描述,以探讨水文系统的演变规律[104]。人类活动对水循环的影响一直是水文学研究的热点和难点之一,而降雨径流作为水循环的重要环节,探索其演变规律对于水资源的可持续开发利用非常必要。

7.2　水文时间序列组成

7.2.1　趋势性分析方法

水文观测值是对某一地区一定时期内气候、自然地理、人类活动等综合作用的描述。随着时间的推移,观测值序列愈来愈长,很容易引起人们对长序列水文要素是否有趋势性变化的注意[105]。例如,气温过程的缓慢逐年变冷或变暖的趋势,或降水过程的缓慢逐年变小或变多的趋势等[106]。如果通过分析发现某种趋势发生变化,可进一步分析产生的原因,引起人们的注意[107-108]。可见水文时间序列趋势性分析在应对当今全球气候变暖,分析降水或径流的变化趋势,预测未来可能出现的大洪水或枯水等方面显得尤为重要[109]。一般而言,趋势分析结果可能是线性的,也可能是非线性的。为了从观测的水文序列中查明趋势变化,必须做成因和统计两方面的分析,当前应用最为广泛的分析方法是 Mann-Kendall 趋势检验法。

1. Mann-Kendall 趋势检验法

Mann-Kendall 趋势检验法是一种被广泛用于分析趋势变化特征的检验方法,它不仅可以检验时间序列趋势上升与下降,还可以说明趋势变化的程度,能很好地描述时间序列的趋势特征[110]。该方法被广泛应用在包括降雨、径流、温度及水质等长时间序列数据的水科学领域的趋势变化分析。

对于水文时间序列 $X_t = (x_1, x_2, \cdots, x_n)$,确定 x_i、x_j 的大小关系,再计算检验统计量 S,公式如下:

$$S = \sum_{i=1}^{n-1} \sum_{j=i+1}^{n} \operatorname{sgn}(x_j - x_i) \tag{7.2}$$

$$\operatorname{sgn}(x_j - x_i) = \begin{cases} 1, & x_j - x_i > 0 \\ 0, & x_j - x_i = 0 \\ -1, & x_j - x_i < 0 \end{cases} \tag{7.3}$$

趋势检验统计量设为 Z:

$$Z = \begin{cases} \dfrac{S-1}{\sqrt{\operatorname{var}(S)}}, & S > 0 \\ 0, & S = 0 \\ \dfrac{S+1}{\sqrt{\operatorname{var}(S)}}, & S < 0 \end{cases} \tag{7.4}$$

$$\operatorname{var}(S) = n(n-1)(2n+5)/18 \tag{7.5}$$

其中,如果 $Z > 0$,表明有上升的趋势;如果 $Z < 0$,表明有下降的趋势。通常取

显著性水平 $\alpha=0.05$，$|Z|\leqslant Z_{\alpha/2}=1.96$，则表明上升或下降的趋势不明显；反之趋势显著。

Mann-Kendall 趋势检验法利用线性回归得出趋势方程，揭示了序列的趋势特征，着重从定量的角度分析序列在某一时间段内的趋势特征，而且能反映该序列是上升趋势还是下降趋势。采用 Mann-Kendall 趋势检验法时，时间序列的趋势幅度越大，或者序列长度越长，检验能力越强；方差越小，则检验能力越弱，但当样本长度足够长时，序列的自相关性基本不影响 Mann-Kendall 趋势检验法结果。

2. R/S 方法

重标度极差分析法（Rescaled Range Analysis）即 R/S 分析法，最早是由英国科学家 Hurst 在研究尼罗河多年水文观测资料时提出的一种新的统计方法[111]。在分形理论中经常用到该方法，而且 R/S 分析法特别适用于水文时间序列的变异点分析。该方法是通过已知的时间序列计算出 Hurst 指数，从而定性地分析时间序列的发展趋势，并体现出这种趋势成分的强弱程度[112]。基本思想是改变样本序列的时间尺度，研究其在尺度范围内的统计规律，从而进行大小时间尺度间的相互转换。目前，该方法已被大量应用于水文研究中，尤其在水文时间序列特性研究中应用更为广泛[113]。

对于一个时间序列 $x(t)(t=1,2,\cdots)$：

均值序列为

$$y(\tau) = \frac{1}{\tau}\sum_{t=1}^{\tau} x(t), \quad \tau = 1,2,\cdots \tag{7.6}$$

累计离差为

$$F(t,\tau) = \sum_{u=1}^{t}(x(u)-y(\tau)), \quad 1\leqslant t\leqslant \tau \tag{7.7}$$

极差为

$$R(\tau)=\max_{1\leqslant t\leqslant\tau}F(t,\tau)-\min_{1\leqslant t\leqslant\tau}F(t,\tau), \quad F(t,\tau)=1,2,\cdots \tag{7.8}$$

标准差为

$$s(\tau) = \left[\frac{1}{\tau}\sum_{t=1}^{\tau}(x(t)-y(\tau))^2\right]^{\frac{1}{2}} \tag{7.9}$$

最后由 R/S 分析发现，$R(\tau)$ 与 $S(\tau)$ 存在着一定的关系：

$$R(\tau)/S(\tau)=(C\tau)^H \quad （C 是常数） \tag{7.10}$$

对上式进行线性模拟可得出 Hurst 指数（$0<H<1$），对于不同的 H，意味着序列有不同的趋势变化：当 $H=0.5$ 时，表明趋势序列是完全独立的，即序列是一个随机过程；当 $0<H<0.5$ 时，意味着未来的变化状况与过去相反，即反持续性，H 越小，反持续性越强；反之，$H>0.5$ 时，意味着未来的变化状况与过去一致，即持续性,H 越大,持续性越强。

该方法可以从定性的角度认识序列过去与未来是否存在相同或相反的变化特征,着重在于揭示未来的变化特征。

可以看出,上述两种方法各自都无法揭示出未来的趋势特征是上升还是下降。因此可以考虑把 Mann-Kendall 法和 R/S 方法结合起来综合运用,本书在此不加以赘述。

7.2.2　突变性分析方法

水文时间序列突变点的检测是水文统计分析中的一项重要内容。具有显著趋势性变化的随机序列样本,在某个时期内存在显著性跳跃变化点时,可把突变点作为分界点,将序列样本分成两个不同的、存在显著趋势性变化的随机序列样本,从而对比分析两个随机样本的各自特征及其意见的差异[114]。

1. 有序聚类分析法

有序聚类分析法是用来提取水文序列突变点的一种有效方法。该方法是一种基于统计的估计方法,通过统计分析推估出水文时间序列最可能的突变点,然后结合实际情况进行具体分析。其主要的分割思想是使得同类之间的离差平方和最小,而类与类之间的离差平方和最大。

设可能的突变点为 τ,则突变前后的离差平方和分别为

$$V_{\tau} = \sum_{i=1}^{\tau} (x_i - \bar{x}_{\tau})^2 \tag{7.11}$$

$$V_{n-\tau} = \sum_{i=\tau-1}^{n} (x_i - \bar{x}_{n-\tau})^2 \tag{7.12}$$

式中,$\bar{x}_{\tau}$ 和 $\bar{x}_{n-\tau}$ 分别为 τ 前后两部分的均值,这样总离差的平方和为

$$S(\tau) = V_{\tau} + V_{n-\tau} \tag{7.13}$$

那么当 $S = \min\{S_n(\tau)\}$ ($2 \leqslant \tau \leqslant n-1$)时,$\tau$ 为最优二分割,即推断为突变点。

2. Mann-Kendall 突变检验法

Mann-Kendall 突变检验法是一种非参数的检验方法,样本不必遵从某一特定的分布,同时也不受个别异常值的干扰,能够客观地表征样本序列的整体变化趋势。Mann-Kendall 突变检验法多用来评估水文时间序列趋势及突变的检验方法,以适用范围广、人为操作少、定量化程度高而被水文学者广泛应用。

当用 Mann-Kendall 突变检验法检验序列的突变时,其统计量为,设有一时间序列如下:$x_1, x_2, x_3, \cdots, x_n$,构造一秩序列 m_i,m_j 表示 $x_i > x_j$($1 \leqslant j \leqslant i$)的样本累积数。定义 d_k

$$d_k = \sum_{i=1}^{k} m_i, \quad 2 \leqslant k \leqslant n \tag{7.14}$$

d_k 均值及方差定义如下：

$$E[d_k] = \frac{k(k-1)}{4} \tag{7.15}$$

$$\mathrm{var}[d_k] = \frac{k(k-1)(2k+5)}{72} \tag{7.16}$$

在时间序列随机独立假定下，定义统计量：

$$\mathrm{UF}_k = \frac{d_k - E[d_k]}{\sqrt{\mathrm{var}[d_k]}}, \quad k = 1, 2, 3, \cdots, n \tag{7.17}$$

这里 UF_k 为标准正态分布，给定一显著水平 a_0，查正态分布表得到临界值 t_0，当 $\mathrm{UF}_k > t_0$，表明序列存在一个明显的增长的趋势，反之亦成立。所有 UF_k 将组成一条曲线 C_1，通过信度检验可知其是否具有趋势性。把此方法引用到反序列中，重复上述计算过程，并使计算值乘以 -1，得出 UB_k。UB_k 在图 7.1 中表示为 C_2，当曲线 C_1 超过信度线，即表示存在明显的变化趋势时，若 C_1 和 C_2 的交点位于信度线之间，则此点可能就是突变的开始。由于 Mann-Kendall 突变检验法检测的局限性，可以再配以滑动 t 检验法来检验序列的突变。Mann-Kendall 突变检验法检验中，定义统计量：

$$t = (X_1 - X_2)/S_p \left[\sqrt{\frac{1}{n_1}} + \sqrt{\frac{1}{n_2}} \right] \tag{7.18}$$

$$S_p^2 = [(n_1-1)S_1^2 + (n_2-1)S_2^2]/(n_1+n_2-2) \tag{7.19}$$

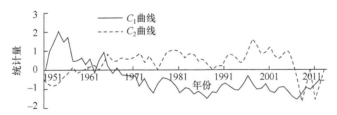

图 7.1

这里 S_p^2 是联合样本方差，给出信度 a，得到临界值 t_a，当 $t > t_a$，说明序列存在显著性差异。

7.2.3　周期性分析方法

地球绕太阳公转及地球自转导致水文时间序列出现了周期性，其次气候因素、地质地理及人类活动也使一些水文变量受到了影响，因而水文时间序列周期性变化的原因十分复杂，一般将上述周期作为近似周期处理。

年降水量、年径流量的多年变化导致水文时间序列形成了周期性的规律,对时间序列周期性的研究有利于人们进行水文预报、水利工程设计、降雨趋势预测以及降雨量分析等工作,因此,水文时间序列的周期性分析对我们了解水文时间序列的变化规律是很有意义的,可以使我们更好地利用这一规律解决实际问题,提高水情预报的准确程度。采用不同的周期分析方法得到的周期不一定相同,计算量和精度也大有不同,分析比较各个周期分析方法之间的差异、总结这些方法的优缺点,可以促进周期分析理论的进一步发展及应用。周期性变化作为年径流量及洪水多年变化规律之一,已被国内外学者所揭示。

对时间序列进行周期性分析有很多方法,传统的有简单分波法、傅里叶分析法、谐波周期分析等。近年来,很多研究学者开始采用小波分析方法来分析气候序列的周期特性。与传统的研究水文时间序列的周期性分析方法不同,小波分析得出的周期准确性更高,计算量较小,而且小波分析方法引入了多尺度的思想,从多方面揭示水科学的内在规律,为水资源合理开发利用和有效配置提供更多的依据。另外,应用较为广泛的还有最大熵法,该方法建立在最大熵原理(POME)基础之上,克服了传统谱分析方法的诸多不足,具有频谱光滑、分辨率高等独特优势。在对降雨量周期性分析最好采用多种方法,最后综合分析出较为准确的降雨周期。

7.3 傅里叶分析法

傅里叶分析方法将水文时间序列看成一种有规律的振动现象,认为水文时间序列是由一组包括不同频率的余弦波和正弦波组成的谐波叠加而成,我们可以用傅里叶级数来表示这些规则波,然后利用 FFT 算法计算出一个水文序列的频率值,最后利用统计检验法即可分析出序列的周期。

对于一个水文时间序列 $X_t = 1, 2, \cdots, n$,当它满足一定条件时,可以进行傅里叶级数展开,有

$$X_t = a_0 + \sum_{i=1}^{l} (a_i \cos\omega_i t + b_i \sin\omega_i t) \tag{7.20}$$

式中,i 通常为波数;l 为谐波的总个数;角频率 $\omega_i = (2\pi/n)i$;谐波振幅 $A_i = \sqrt{(a_1^2 + b_1^2)}$,它描述了谐波的振幅随频率变化的情况;相位 $\theta_i = \arctan\left(-\dfrac{b_i}{a_i}\right)$。在显著性水平为 0.05 时,序列 X_t 的相应振幅为 $A_{0.05}$,则有

$$A_{0.05}^2 = \frac{4\sigma^2 \ln(20l)}{n} \tag{7.21}$$

式中,n 为样本长度;l 为谐波的总个数;σ^2 为序列的方差。如果 l 个波数中最大的振幅满足 $A_i^2 > A_{0.05}^2$,则认为对应的周期 $T = \dfrac{n}{i}$ 为主要周期。

该方法的基础是谱分析法,在计算水文时间序列的周期时往往不能同时兼顾高频和低频的情况。因此最好再结合其他方法来推求周期。

7.4　最大熵谱分析法

7.4.1　最大熵谱分析法原理

熵,代表了一个体系的混乱无序程度[115]。它在控制论、生命科学、概率论、天体物理等领域都有广泛的应用,是随机变量不确定程度的度量标准。熵实际上是随机变量 X 的泛函数,它不依赖于 X 的实际取值,而紧紧依赖于其概率分布。

离散型随机变量 X 的熵 $H(X)$ 定义为

$$H(X) = \sum_{X=1}^{n} P(X) \ln P(X) \qquad (7.22)$$

随机变量 X 的熵可以还有另外一种表示如下:

$$H(X) = E_p \log \frac{1}{p(X)} \qquad (7.23)$$

最大熵原理最早是由 Jaynes 于 1957 年提出的一个相当有用的方法。1967年,Burg 首先认识到利用 AR 模型所得到的谱估计是所有反变换同已知的一段自相关系列值相一致的功率谱中具有最大熵的谱,并首次将最大熵原理用于频谱分析,提出了最大熵谱分析法,这样就把信息论的观点和方法引入功率谱估计领域,为谱估计开辟了一条新的途径[116-117]。熵最大意味着对因为数据不足而作的人为假定(人为添加信息)最小,从而所获得的解最合乎自然,偏差最小。最大熵谱估计最大的特点是它比传统谱估计(傅里叶谱)的分辨率高,并且它特别适用于对比较短的数据记录进行谱分析,而且最大熵谱估计不需要对时间信号作某些假定,求出的谱更加接近于信号真实的谱,它是一种理想的分析方法。

最大熵谱分析法的基本原理是:给定离散时间序列 $f(x) = x_1, x_2, \cdots, x_n$,可认为其由不同频率的规则波组成,不同频率波的方差越大,功率谱越大,其熵谱值也越大[118]。该序列的熵 H 可以定义为

$$H = \int_{-\infty}^{+\infty} \ln S(\omega) \mathrm{d}\omega \qquad (7.24)$$

式中,ω 为频率;$S(\omega)$ 为谱密度。

根据信息论,当连续随机变量为正态分布时,其熵得到最大值,即

$$H = \frac{1}{2}\ln 2\pi e\sigma^2 \tag{7.25}$$

当 $f(x) = \dfrac{1}{\sqrt{2\pi}\sigma}\mathrm{e}^{-\frac{x}{2\sigma}}$，其中谱($S$)、熵($H$)和方差($\sigma^2$)的关系定义为

$$H = -\int_{-\infty}^{+\infty}\ln S(f)\mathrm{e}^{\mathrm{i}fr}\,\mathrm{d}f \tag{7.26}$$

当熵达到最大值时，以此作为准则估计的谱，称为最大熵谱，以这一原则推导出的最大熵谱为

$$I_f = \frac{p(k_0)}{\left|1 - \sum_{k=1}^{k_0}B(k_0,k)\mathrm{e}^{-2\pi\mathrm{i}kf}\right|^2} \tag{7.27}$$

式中，f 为普通频率，$f = \dfrac{1}{T}$，T 为周期长度；i 为虚数单位；$p(k_0)$ 为对应于截止阶 k_0 的残差方差；$B(k_0,k)$ 为 k_0 阶反射系数。

7.4.2　截止阶 k_0 的选取原则

最大熵谱分析法中的 k_0 一般事先是不知道的，需要在递推过程中确定。而 k_0 的选择直接关系到估计的准确性，如果截止阶取得太小，最大熵谱估计曲线一般比较平滑，分辨能力过低，得不到理想的结果；相反，如果截止阶取得太大，不仅会加大计算量，还会使得谱值出现超分辨现象，产生过多的虚假峰值[119]。因此，截止阶 k_0 的选取是最大熵谱分析法的关键步骤。

1. AIC(Akaike in formation criterion)准则

对于 N 个数据时间序列 $x(N)$，其方差 P_r 与 r 满足关系式

$$\mathrm{AIC}(r) = N\ln P_r + 2r \tag{7.28}$$

其中

$$P_r = R(0) - \sum_{j=1}^{r}a(j,r)R(j) \tag{7.29}$$

$$R(j) = \frac{1}{N}\sum_{i=1}^{N-j}X_iX_{j+1}, \quad j = 0,1,2,\cdots,r \tag{7.30}$$

由上式可知

$$R(0) = \frac{1}{N}\sum_{i=1}^{N}X_i^2 \tag{7.31}$$

$$R(1) = a(1,1)R(0) \tag{7.32}$$

对于 $1 \leqslant m \leqslant N-2$ 有

$$R(r+1) = a(r+1,r+1)\Big[R(0) - \sum_{j=1}^{r} a(j,r)R(j) + \sum_{j=1}^{r} a(j,r)R(r+1-j)\Big]$$

$$(7.33)$$

当得到的 AIC(r) 最小时, 此时的阶数 r 即为最佳阶数。

2. FPE(final prediction error) 准则

应用最大熵谱分析法时也常用 FPE 准则确定最佳阶数, 实质上 FPE 准则与 AIC 准则是相通的, FPE 准则是 Akaike 在 1969 年提出的一种定阶准则。FPE 准则的定义为

$$\text{FPE}(r) = \frac{N+(r+1)}{N-(r+1)} P_r$$

$$(7.34)$$

其中, P_r 为残差方差。计算阶数, 当 FPE(r) 达到最小时, 此时的 r 即为最优解。

7.4.3　Burg 递推算法

最大熵谱最重要的算法是由 Burg 设计的算法。Burg 算法的思路是, 建立适当阶数的自回归模型, 并利用最大熵谱的公式计算出最大熵谱。建立自回归模型, 必须根据上节提到的准则截取适当的阶数 k_0, 并递推算出各阶自回归系数。Burg 算法的实现途径是: 在 Levinson 递推算法的基础上, 采用顺置与倒置的方法观测和递推数据, 在两项误差都达到最小的时候, 即可确定滤波系数。这样做的优点是: 可以充分利用数据序列所包含的全部信息, 有利于提高数据系列的利用效率, 而且不必提前算出自相关系数, 克服了功率谱估计中自相关系数最大时主观选择的不足。基于上述优点, Burg 算法非常适用于水文时间序列的建模分析。

Burg 算法的基本步骤如下。

(1) 计算初始平均功率 P_0、向前预测误差 $b_p(n)$ 及向后预测误差 $e_p(n)$, 其中

$$P_0 = \frac{1}{N} \sum_{n=1}^{N} |x_n|^2$$

$$(7.35)$$

$$b_0(n) = e_0(n) = x(n)$$

$$(7.36)$$

$$e_r(n) = e_{r-1}(n) + k_r b_{r-1}(n-1)$$

$$(7.37)$$

$$b_r(n) = b_{r-1}(n-1) + k_r e_{r-1}(n)$$

$$(7.38)$$

(2) 计算反射系数 k_r

$$k_r = \frac{-2 \sum\limits_{n=r}^{N-1} e_{r-1}(n) b_{r-1}(n-1)}{\sum\limits_{n=r}^{N-1} |e_{r-1}(n)|^2 + \sum\limits_{n=r}^{N-1} |b_{r-1}(n-1)|^2}$$

$$(7.39)$$

(3) 根据 Levinson-Durbin 递推算法求出阶次为 r 时的 AR 模型参数:

$$a_{rk} = a_{r-1,k} + k_r a_{r-1,r-k}, \quad a_{rr} = k_r \tag{7.40}$$

$$\sigma_r^2 = (1 - |k_r|^2)\sigma_{r-1}^2 \tag{7.41}$$

$$\sigma_0^2 = R_X(0) = \frac{1}{N}\sum_{n=0}^{N-1}|x(n)|^2 \tag{7.42}$$

(4) 令 $n = n+1$，重复步骤(3)，直至 $n = N(r=1,2,\cdots,n-1)$。最后利用 a_{rk} 计算出功率谱密度。

$$P_{AR} = \frac{\sigma^2}{\left|1 + \sum\limits_{r=1}^{N} a_{rk}\mathrm{e}^{-j\omega r}\right|} \tag{7.43}$$

7.4.4　方法总结

为了确定某个样本空间的分布总体，经常利用子样本空间的观测数据去估计总体分布，如果在所有满足给定的数字特征约束条件下的分布中找出最大熵的分布作为总体分布的估计，那么由熵的定义可知，熵最大意味着平均的不确定性最大。以熵最大作为估计准则表示没有对分布附加额外的主管约束条件，即对分布先验主观偏见最小，因此，最大熵谱准则也被称为最小主观偏见准则。

最大熵谱估计克服了经典谱估计方法需要主观假定观测数据以外的信号形式的缺点，提出用最大熵准则外推观测数据以外的数据，从而使信号模型主观偏见最小。这样获得的功率谱是所有反变换同已知的一段自相关序列值相一致的功率谱中具有熵最大的谱。应用最大熵谱分析法分析水文时间序列的周期简单快捷，自然合理，行之有效，具有频谱短且光滑、分辨率高、系统复杂度低等优势，在水文时间序列周期性分析中是比较常用的方法之一。

7.5　小波分析法

小波分析(wavelet analysis)理论最早由法国地球物理学家 Morlet 于 1984 年提出，首次应用于地震数据分析中，基于仿射群的不变性，即平移和伸缩的不变性，允许把信号分解为时间和频率的贡献[120]。小波分析方法能够反映时间序列的局部变化特征，可以看到每一时刻的变化在各周期中所处的位置，能够更好地分析序列随时间的变化情况，因此小波分析法多应用于水文时间序列的周期性分析中。该方法的核心是小波变换，1993 年 Kumar 等运用正交小波(Harr 小波)变换分析了空间降水的尺度和振荡特征，由此将小波变换正式引用到水文学领域。此后，国内外水文学者相继开展了小波变换在水文时间序列分析及预测方面的应用研究，取得了很多宝贵的研究成果[121-122]。将小波理论引入水科学研究不仅能为水资源合理开发利用和有效配置提供更多的依据，同时也拓宽了应用范围，而且还推动了小波理论自身的发展。

　　小波分析方法是在傅里叶分析的基础上发展起来的,具有时频同时局部化的优点,因此被誉为"数学显微镜"。随着小波理论的形成和发展,小波分析的优势逐渐引起许多水科学工作者的重视并引入水文水资源学科中,取得了很多重要的研究成果,为以后水文学领域的开拓研究奠定了坚实的理论与实践基础[123]。

7.5.1　小波函数

　　小波函数 $\psi(t)$ 指具有震荡特性、能够迅速衰减到零的一类函数,定义为

$$\int_{-\infty}^{+\infty}\psi(t)\mathrm{d}t = 0 \tag{7.44}$$

$\psi(t)$ 通过伸缩和评议构成一簇函数系:

$$\psi_{a,b}(t) = |a|^{-1/2}\psi\left(\frac{t-b}{a}\right), \quad b\in R, \quad a\in R, \quad a\neq 0 \tag{7.45}$$

式中,$\psi_{a,b}(t)$ 为子小波;a 为尺度因子或频率因子,反映小波的周期长度;b 为时间因子,反映在时间上的平移。

　　小波分析的核心在于小波函数的选取,小波函数有多种,如 Haar 小波、墨西哥帽小波、Morlet 小波等。Morlet 小波能够较好地拟合水文过程的周期性,因此,本书采用 Morlet 小波,小波函数为

$$\psi(t) = \mathrm{e}^{\mathrm{i}ct} - \mathrm{e}^{-t^2/2} \tag{7.46}$$

式中,c 为常数,取值为 6.2;i 为虚数单位。Morlet 小波伸缩尺度 a 与周期 T 有如下关系:

$$T = \frac{4\pi}{c+\sqrt{2+c^2}}\times a \tag{7.47}$$

7.5.2　小波变换

1. 连续小波变换

　　连续小波变换是信号时频分析的另一种重要工具。它的时频窗在低频时自动变宽,而在高频时自动变窄。结果,在很短暂的高频现象上,如对信号中的瞬变现象,小波变换能比窗口 Fourier 变换更好地"移近"观察。所以,小波变换有"数学显微镜"之称。连续小波变换具有叠加性(线性性)、平移不变性、伸缩共变性(尺度转换性)、自相似性与冗余性。

　　令 $L^2(R)$ 表示定义在实轴上、可测得平方可积函数空间,若函数 $f(t)\in L^2(R)$ 满足

$$\int_{-\infty}^{\infty}|f(t)^2|\mathrm{d}t < \infty \tag{7.48}$$

那么,这样的函数可用来表示能量有限的连续时间信号或模拟信号。

对于信号 $f(t) \in L^2(R)$,连续小波变换(continue wavelet transform,CWT)定义为

$$W_f(a,b) = |a|^{-\frac{1}{2}} \int_{-\infty}^{+\infty} f(t)\bar{\psi}\left(\frac{t-b}{a}\right)\mathrm{d}t \tag{7.49}$$

式中,$W_f(a,b)$ 称为小波变换系数;$\psi(t)$ 称为基本小波或母小波;$\bar{\psi}$ 为 $\psi(t)$ 的复共轭函数;a 是尺度伸缩因子;b 是时间平移因子。

2. 离散小波变换

无论是出于数值计算的实际可行性考虑,还是为了理论分析的简便,对于小波变换进行离散化处理都是必要的。对于小波变换而言,将它的参数对 (a,b) 离散化,采用特殊的形式分成两步实现:先将尺度参数 a 按二进制的方式离散化,得到著名的二进制小波和二进制小波变换;再将时间中心参数 b 按二进制整倍数的方式离散化,得到出人意料的正交小波和函数的小波级数表达式,真正实现小波变换的连续形式和离散形式在普通的函数形式上完全统一。对于傅里叶级数和傅里叶变换来说,这是无法想象的。

离散小波的变换形式为

$$W_f(a,b) = |a|^{-\frac{1}{2}} \Delta t \sum_{k=1}^{N} f(k)\Delta t\bar{\psi}\left(\frac{k\Delta t - b}{a}\right) \tag{7.50}$$

从式(7.49)和式(7.50)可知,小波变换同时反映了 $f(t)$ 的时域和频域特性。当 a 较小时,对频域的分辨率较低,对时域的分辨率较高;当 a 增大时,对频域的分辨率增大,对时域的分辨率减小。

7.5.3　小波方差

将时间域上的关于 a 的所有小波变换系数的平方进行积分,即为小波方差

$$\mathrm{var}(a) = \int_{-\infty}^{+\infty} |W_f(a,b)|^2 \mathrm{d}b \tag{7.51}$$

$W_f(a,b)$ 随参数 a 和 b 变化,可作出以 b 为横坐标、a 为纵坐标的关于 $W_f(a,b)$ 的二维等值线图,此图即为小波方差图。小波方差图能反映波动的能量随尺度 a 的分布,可以用来辨识时间序列中各种尺度扰动的相对强度和周期特征。在小波方差图上,小波方差的极大值点对应的时间尺度即为其周期。

7.5.4　方法总结

归结起来,小波分析法应用于水文水资源时间序列分析的独特优势在于,它提供了一种客观的水文水资源系统的多时间尺度分析方法。通过小波变换系数和小

波方差图对水文时间序列进行多时间尺度分析,可以揭示其系统的变化特性[124]。将小波分析方法引入到水文水资源系统研究中,特别是水文时间序列特性分析中,通过小波变换,精确地剖析水文序列或水文系统的多层次时间尺度结构和局部化特征,可以更深层次地揭示水科学的内在规律和隐形规律,这不仅拓宽了涉水学科的研究范围,而且对小波理论本身的发展也起到了推动作用[125-126]。

　　小波分析的关键在于绘制小波变换系数图和小波方差图。通过对图形的分析,研究水文序列周期变化规律,然后进行周期外延就可以达到预测周期的目的。通过小波变换系数图可以直观地看出序列的丰枯变化;通过小波方差图即可总结出序列的周期。小波分析方法能够反映时间序列的局部变化特征,可以看到每一时刻的变化在各周期中所处的位置,能够更好地分析序列随时间的变化情况,因此小波分析法多应用于水文时间序列的周期性分析中。与传统的研究水文时间序列的周期性分析方法不同,小波分析得出的周期准确性更高,计算量较小,而且小波分析方法引入了多尺度的思想,从多方面揭示水科学的内在规律,可为水资源合理开发利用和有效配置提供更多的依据。目前,小波分析的研究处于发展阶段,相信在以后的研究中会在更大程度上应用在水科学领域,并会更广泛地应用在其他科学领域。

7.6　本章小结

　　本章详细介绍了水文降雨序列趋势性、突变性、周期性的研究方法,并对上述方法的原理及计算过程进行了概述。在趋势性研究,本章主要介绍了 Mann-Kendall 趋势检验法以及 R/S 方法,上述方法计算简单、结果准确,被广泛应用到水文序列趋势性的研究中。在突变性分析中,本章主要介绍了有序聚类法以及 Mann-Kendall 突变检验法。对于降雨序列周期性的研究,本章主要介绍了快速傅里叶变化法、最大熵谱分析法及小波变换法,上述三种方法是水文学者在研究水文序列周期分析时应用较多的方法。对于上述时间序列特性方法的计算原理、过程以及优缺点在本章中均有详细阐述,为第 8 章中计算方法的选择提供了详尽的理论基础。水文序列周期分析的上述方法都各有其优缺点及最佳适用条件,各种方法之间是相辅相成、互相补充的,在计算中应采用多种方法综合分析。

第8章　南水北调中线京石段降雨序列特性分析

第7章介绍了水文时间序列特性分析方法的一系列理论知识,详细阐述了各种方法的计算过程、适用条件以及优缺点等内容。本章从实测资料入手,研究南水北调中线京石段降雨特性规律[127-128]。本书主要研究南水北调中线京石段工程,由于工程运行时间较短,没有实时降雨观测设备,缺乏详细的降雨实测资料,作者通过搜集相关文献资料获得了石家庄市及邢台市 1951~2013 年逐年、逐月实测降雨资料,并将石家庄市及邢台市的降雨资料移用到南水北调中线京石段项目研究中。结合第 7 章水文序列特性分析方法的使用条件及优缺点,本章对南水北调中线京石段降雨趋势性及突变性采用 Mann-Kendall 检验法进行分析,对于降雨周期性分析分别采用快速傅里叶变化法、最大熵谱分析法以及小波分析法综合分析降雨周期。同时通过对石家庄市及邢台市 63 年降雨序列进行特性分析,得出具体的降雨特性,并将结论移用到南水北调中线京石段项目,旨在了解项目区内的降雨规律,预测未来年份或月份的水文特性,同时可以提高水情预报的精度,为工程以后的运行提供有益的理论依据,为工程技术人员更好地预防暴雨洪涝灾害提供科学的技术指导,为工程日后的安全运行提供有力的保障[129-130]。

8.1　研究区域水文特性

南水北调中线京石段工程位于河北省境内。河北省位于东经 113°04′至 119°53′、北纬 36°01′至 42°37′之间,地处华北,东临渤海,内环京津,西为太行山地,北为燕山山地,燕山以北为张北高原,其余为河北平原,面积为 18.88 万 km²。东南部、南部衔山东、河南两省,西倚太行山与山西省为邻,西北与内蒙古自治区交界,东北部与辽宁接壤。河北省地势由西北向东南倾斜,西北部为山区、丘陵和高原,其间分布有盆地和谷地,中部和东南部为广阔的平原。海岸线长 487km。地貌复杂多样,高原、山地、丘陵、盆地、平原类型齐全,有坝上高原、燕山和太行山地、河北平原三大地貌单元。坝上高原属内蒙古高原一部分,平均海拔 1200~1500m,占全省总面积的 8.5%;燕山和太行山地包括丘陵和盆地,海拔多在 2000m 以下,占全省总面积的 48.1%;河北平原是华北大平原的一部分,海拔多在 50m 以下,占全省总面积的 43.4%。

河北省年日照时数 2400~3100h;年均降水量 300~800mm;1 月平均气温在 3℃以下,7 月平均气温 18~27℃,四季分明。河北属温带大陆性季风气候,特点是

冬季寒冷少雪,夏季炎热多雨;春多风沙,秋高气爽。全省年平均气温在 4～13℃,
1 月－4～2℃,7 月 20～27℃,各地的气温年较差、日较差都较大,全年无霜期 110
～220d。全省年平均降水量分布很不均匀,年变率也很大。一般的年平均降水量
在 400～800mm。燕山南麓和太行山东侧为迎风坡,形成两个多雨区,张北高原偏
处内陆,降水一般不足 400mm。降水量年内分配很不均匀,汛期(6～9 月)集中了
降水的 80％左右,降水量的年际变化也很大。

8.2　年降雨序列趋势性分析

本章首先对石家庄市及邢台市的实测降雨资料进行趋势性分析[131]。图 8.1、
图 8.2 为石家庄站与邢台站 1951～2013 年降雨量趋势图。

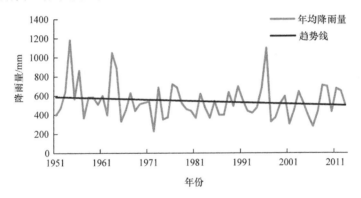

图 8.1　石家庄市 63 年降雨趋势图

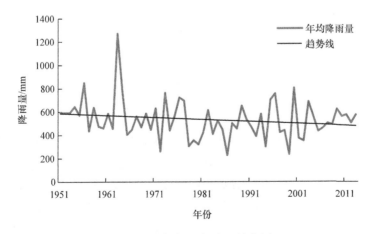

图 8.2　邢台市 63 年降雨趋势图

从图 8.1 及图 8.2 可以看出石家庄市与邢台市多年平均降雨量趋势,根据图

中趋势线可以看出上述两市降雨量均呈现微弱的下降趋势,但是下降幅度都很小,两市的年平均降雨量整体趋势相似。

绘制石家庄市与邢台市年降雨量累积距平曲线,如图8.3、图8.4所示。

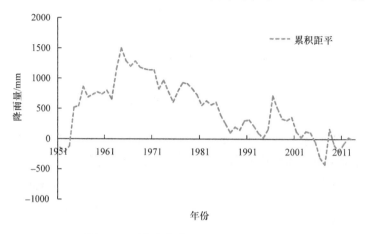

图8.3　石家庄市降雨量累积距平曲线

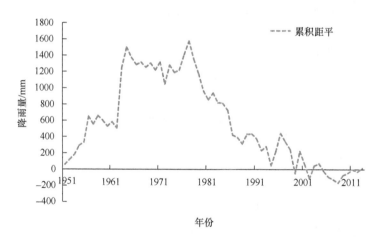

图8.4　邢台市降雨量累积距平曲线

根据图8.3可以看出,石家庄地区在20世纪50~60年代中期降雨累积距平曲线呈上升的趋势,说明该时期年降雨呈现增多的趋势。在60年代中期以后累积距平曲线呈现下降的趋势,说明在该段时间年降雨呈现减少的趋势。在2006年以后降雨累积距平曲线有上升的趋势,说明降雨在2006年以后有增加的趋势。从累计距平曲线来看,今后(2014年以后)石家庄市年降雨有可能呈现出增多的趋势。由图8.4可知邢台市在50~60年代初期降雨累积距平曲线呈上升的趋势,说明该段时期为降水多发期,在1980~2006年曲线呈下降的趋势,说明该段时间为降雨偏少期。

从图 8.3、图 8.4 整体来看两市多年降雨量均呈现下降的趋势,与降雨量趋势图分析相符。通过两市的累积距平曲线可以分析出两市在今后的一段时间里降雨量仍会呈现下降的趋势。具体趋势分析将在下面论述。

采用本书 7.2.1 节中介绍的 Mann-Kendall(M-K)检验方法对石家庄市与邢台市 1951～2013 年共 63 年实测年降雨序列及实测汛期(6～9 月)降雨序列进行分析计算,探讨两市降雨变化趋势,粗略预测今后降雨量的变化情况。

本书 Mann-Kendall 突变检验法的计算过程是借助 Matlab 软件完成的,计算结果如表 8.1 所示。在显著性水平 $\alpha=0.05$ 时,石家庄市年降雨以及汛期降雨均呈现出下降的趋势,但是下降趋势不显著(若 $|Z|>1.96$,则变化趋势显著;反之,若 $|Z|<1.96$,则变化趋势不显著)。根据表中 β 数据可知,石家庄市年降雨以0.67mm/年的速率下降,石家庄市汛期降雨以 0.55 的速率下降;邢台市年降雨及汛期降雨也呈现出下降的趋势,且下降趋势亦不显著。但是邢台市年降雨 M-K 检验值为 -1.25,其绝对值接近 1.96,可以认为邢台市年降雨的下降趋势接近显著,而且邢台市年降雨下降速率为 1.12mm/年,下降速度很快。整体来看,上述两市年降雨及汛期降雨均呈现出下降的趋势但是下降趋势不显著,只有邢台市年降雨下降速度较快。该结论与上节中降雨量趋势图吻合。

表 8.1　降雨量 M-K 检验成果表

站名	Z	β	显著水平	临界值 $Z_{a/2}$	判断结果	趋势性	是否显著
石家庄站	-0.55	-0.67	0.05	1.96	$|Z|<Z_{a/2}$	下降	不显著
石家庄汛期降雨	-0.39	-0.55	0.05	1.96	$|Z|<Z_{a/2}$	下降	不显著
邢台站	-1.25	-1.12	0.05	1.96	$|Z|<Z_{a/2}$	下降	不显著
邢台汛期降雨	-0.90	-0.84	0.05	1.96	$|Z|<Z_{a/2}$	下降	不显著

8.3　年降雨序列突变性分析

本书采用 Mann-Kendall 突变检验法对石家庄市及邢台市 63 年降雨序列进行突变性分析,计算过程借助 Matlab 在计算机上完成[131-132]。

根据式(7.16)～式(7.18)分别计算石家庄市年降雨及汛期降雨序列的 UF(时间顺序统计量)和 UB(时间逆序统计量)值和邢台市年降雨及汛期降雨序列的UF 和 UB 值,并绘制出 Mann-Kendall 检验统计量 UF 与 UB 曲线,如图 8.5～图 8.8 所示。

由图 8.5 可以看出,石家庄市年降雨在 70、80、90 年代降雨变化平缓,图中UF 曲线在 50～60 年代中期大于零说明该时期降雨呈增加的趋势,但是数值没有通过 95％的置信度检验。因此,该地区在 50～60 年代中期降雨呈现增加的趋势,但是趋势不明显。由 UF 曲线可知,在 2008 年曲线开始有上升的趋势,说明在 2008 年以后降雨开始增多。上述对降雨趋势的预测与上节中趋势性分析一致,可以验证趋势性分析的准确性。从图中还可以看出,UF 曲线和 UB 曲线有两个比较明显的交点,分别为 1964 年及 2007 年。根据上述分析可知,在 1964 年前降雨呈增多趋势,1964 年后降雨呈减少趋势,因此 1964 年为石家庄市年降雨的一个突变点,发生的突变为降雨量由多到少;2007 年前降雨量呈减少趋势,2007 年后降雨量呈增多趋势,因此 2007 年也为年降雨的一个突变点,发生的突变为降雨量由少变多。但是上述两个突变点均没有发生在置信区间外,因此这两个点发生的突变均不是显著突变。

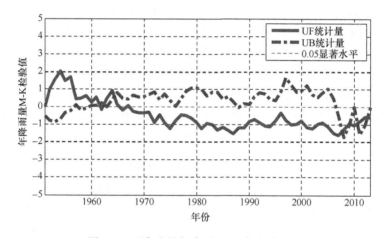

图 8.5　石家庄站年降雨 M-K 突变检验图

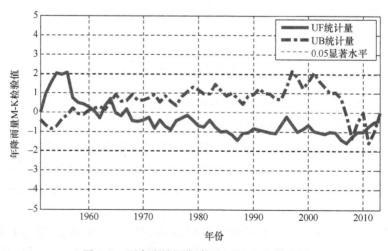

图 8.6　石家庄站汛期降雨 M-K 突变检验图

由图 8.6 可以看出,石家庄市汛期降雨的变化趋势与年降雨的变化趋势相似,UF 与 UB 曲线均在置信区间内,说明没有发生显著突变。在 50～60 年代中期降雨呈增多趋势,60 年代中期以后降雨呈减少趋势,在 2007 年降雨开始有增多的趋势。突变点为 1964 年与 2007 年,1964 年的突变为降雨由多到少,2007 年的突变为降雨由少到多,上述两个突变点均不是显著突变点。

根据图 8.7 中 UF 曲线可知,在 1951～2013 年 UF 曲线均为负值,说明在 63 年的时间里邢台市年降雨呈现出下降的趋势,尤其在 1980～2007 年 UF 曲线超出 95％的置信区间,说明这段时间降雨的下降趋势显著。其他时间 UF 曲线和 UB 曲线均在置信区间内,说明这些时间降雨变化趋势不显著。上述分析与上节趋势性分析的结果有所出入,有可能是数据问题或者方法检验精确度引起的,与两种方法的正确与否无关。从图中还可以看出,在置信区间内两条曲线的主要交点只有一个,即 1958 年,邢台市年降雨在 1958 年前后趋势变化不大,曲线没有明显的上升下降情况,因此不能认为该点为突变点,即邢台市 1951～2013 年降雨没有明显的突变情况。根据图中 UF 曲线和 UB 曲线的变化趋势可知,邢台市 2013 年以后的年降雨量呈现增多的趋势,并且在 2013 年以后的时间里年降雨有可能发生突变现象,该突变为降雨量由少到多的突变。

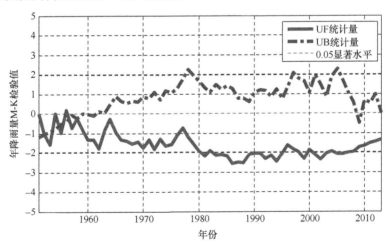

图 8.7　邢台站年降雨 M-K 突变检验图

由图 8.8 可以看出,UF 统计量在 1951～1954 年小于零,说明在这四年时间里汛期降雨呈下降的趋势,在 1955～1957 年 UF 统计量大于零,说明在这三年时间里汛期降雨量呈现增多的趋势,在 1957 年以后 UF 统计量小于零,说明在 1957 年以后邢台市汛期降雨呈现出下降的趋势,整体来看 UF 曲线和 UB 曲线均在 95％的置信区间内,因此上述趋势均不显著,但是在 1986～1988 年、1991～1992 年及个别年份,UF 统计量超出置信区间,说明该段时间邢台汛期降雨变化趋势是显著的。从图中还可以看出,在置信区间内两条曲线交点有 3 个,即 1951 年、1953 年、1957 年。邢台市汛期降雨在 1957 年前呈增多的趋势,在 1957 年后呈减少的趋势,因此 1957 年为邢台市汛期降雨的突变点,该突变是降雨量由多变少,且该突变点是在置信区间内,即该突变点突变不明显,其他两年不是降雨量突变点。整体来看 UF 曲线在 2013 年以后有上升的趋势,且 UF 曲线和 UB 曲线在 2013 年以后的时间里有相交的趋势,即在 2013 年以后邢台市汛期降雨有可能发生突变,且该突变为降雨量由少到多的突变。

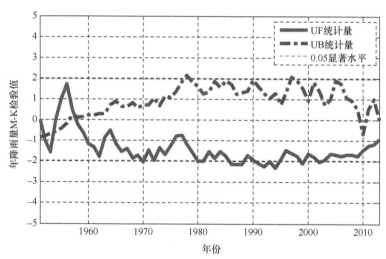

图 8.8　邢台站汛期降雨 M-K 突变检验图

通过上述分析可知,邢台市在 2013 年以后降雨有可能发生由少到多的突变,需要工程技术人员加以重视,确保工程的安全运行。

8.4　年降雨序列周期性分析

8.3 节对石家庄市和邢台市的年降雨及汛期降雨的趋势性及突变性进行了相关的分析,下面对上述两地区降雨的周期性进行分析。本节主要采用快速傅里叶变换法结合最大熵谱分析法综合计算周期,当两种方法计算出的周期一致时,我们认为该周期是可信的。接下来采用小波周期法对求得的周期进行复核,最终确定较为准确的降雨序列周期。快速傅里叶变换、最大熵谱分析法及小波分析法主要内容及原理在本书第 7 章中有所概述,本节在此不加以赘述。

8.4.1　快速傅里叶变换周期分析计算(FFT 周期分析法)

通过快速傅里叶变换计算得到的降雨序列周期图如图 8.9 所示。

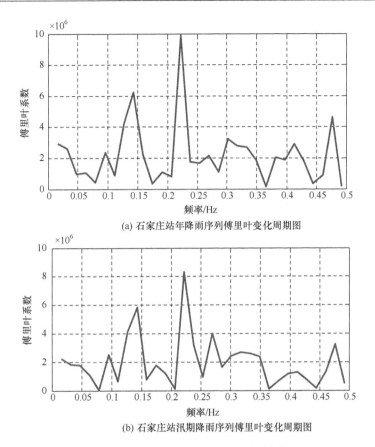

(a) 石家庄站年降雨序列傅里叶变化周期图

(b) 石家庄站汛期降雨序列傅里叶变化周期图

图 8.9　石家庄市降雨序列傅里叶变化周期图

图 8.9 为石家庄市降雨序列傅里叶变换周期图,从图中可以看出,石家庄年降雨序列与汛期降雨序列具有相似的降雨周期,谱密度曲线在频率为 0.22Hz、0.18Hz、0.46Hz 及 0.08Hz 左右出现极值,其对应的周期 4～5 年、2 年及 12 年即为石家庄市降雨周期。

图 8.10 为邢台市降雨序列傅里叶变换周期图,从图中可以看出,邢台市年降雨序列及汛期降雨序列周期图虽有微小差异,如图 8.10(a) 中的最高峰值点对应的频率为 0.16Hz 而图 8.10(b) 中对应的峰值点出现在频率为 0.27Hz 处,但是谱密度的其他主要峰值点基本一致。因此可以认为谱密度在频率为 0.17～0.27Hz、0.3～0.36Hz、0.08Hz 处有尖锐的周期,则其对应的周期就是序列中的降雨周期,即 4～5 年、2～3 年及 12 年左右的周期为邢台市降雨序列周期。

8.4.2　最大熵谱周期分析法计算

本书根据 FPE 准则来选取最大熵谱分析法计算中的最佳截止阶 k_0,计算结果

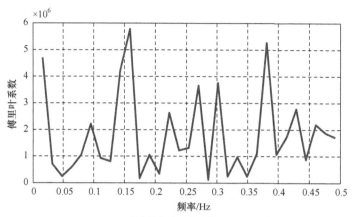

(a) 邢台站年降雨序列傅里叶变化周期图

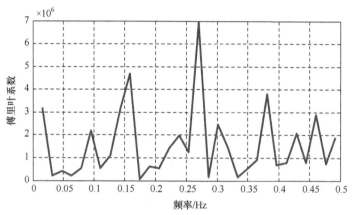

(b) 邢台站汛期降雨序列傅里叶变化周期图

图 8.10　邢台市降雨序列傅里叶变化周期图

如表 8.2 所示。

表 8.2　截止阶数值表

截止阶	石家庄年降雨序列	石家庄汛期降雨序列	邢台年降雨序列	邢台汛期降雨序列
k_0	22	19	22	25

　　采用表 8.2 中的截止阶,结合本书 7.4 节中介绍的方法借助 Matlab 在计算机上完成最大熵谱分析法周期计算,结果如图 8.11 所示。

　　图 8.11 为石家庄市年降雨及年汛期降雨的最大熵谱图,从图中可以看出石家庄市年降雨序列和汛期降雨序列的主要降雨周期基本一致。谱密度曲线在频率为 0.19Hz、0.44Hz 及 0.08Hz 处有尖锐的峰点,其对应的周期即为序列的降雨周期。因此石家庄降雨序列的降雨周期为 5 年、2 年及 12 年左右。

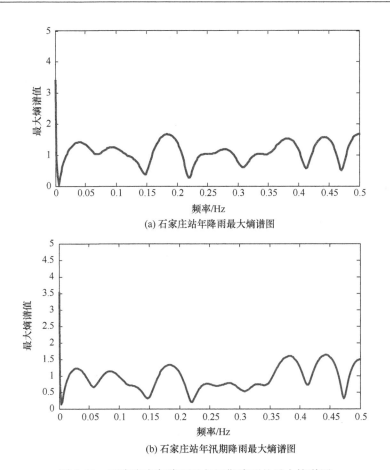

(a) 石家庄站年降雨最大熵谱图

(b) 石家庄站年汛期降雨最大熵谱图

图 8.11　石家庄市年降雨及年汛期降雨的最大熵谱图

　　图 8.12 为邢台市年降雨序列及汛期降雨序列周期最大熵谱图,从图中可以看出邢台市降雨的主要周期,由于邢台市降雨主要以汛期降雨为主,其年降雨序列与汛期降雨序列周期基本一致。谱密度曲线上频率 0.18Hz、0.34Hz、0.07Hz,其对应的周期分别为 5.5 年、2.9 年及 14.2 年。因此邢台市降雨序列周期为 4~5 年、2~3 年及 13~14 年左右。

　　通过上述两种方法均求得了石家庄市与邢台市的降雨序列周期,当两种方法求得的周期一致时即可以认为该周期是可信的。因而得出石家庄市降雨序列的周期为 5 年、2 年及 12 年;邢台市降雨序列周期为 4~5 年、2~3 年及 12~14 年左右。下面通过小波分析法对上述周期进行复核。

8.4.3　小波周期分析法计算

　　本书选用的 Morlet 小波对降雨序列进行计算。计算过程借助 Matlab 在计算

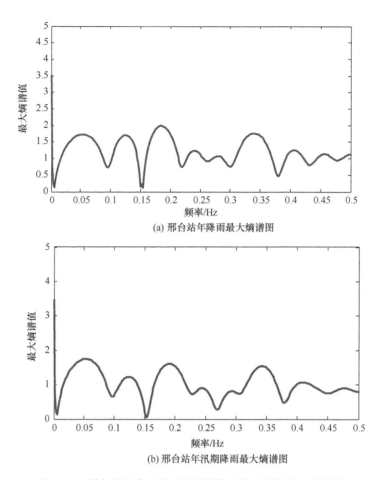

(a) 邢台站年降雨最大熵谱图

(b) 邢台站年汛期降雨最大熵谱图

图 8.12　邢台市年降雨序列及汛期降雨序列周期最大熵谱图

机上完成,在进行小波计算之前,先要对资料进行预处理:将资料进行距平处理,同时采用对称延伸法将两端数据外延以消除边界效应[133]。计算结果如图 8.13 所示。

　　图 8.13 反映了石家庄市 63 年来降雨在不同时间尺度上的周期变化特征及其在各时间尺度中的振荡能量分布情况。根据图 8.13(a)可得,石家庄年降雨序列存在 4 年、25 年、45 年、9 年、39 年及 12 年左右尺度的周期,其中以 4 年、25 年及 9 年左右小波方差的极值表现最为显著,说明此三个周期是石家庄年降雨序列的主要周期,这三个周期的振动决定着石家庄市年降雨量在整个时间域内的变化特征。需要指出的是:45 年及 39 年的周期表现不是很显著,且由于降雨序列长度有限,只有 63 年,无法保证上述两个周期的准确性,还需要未来降雨数据的不断完善补充作进一步的验证。根据图 8.13(b)可以看出,石家庄市汛期降雨序列存在 4 年、

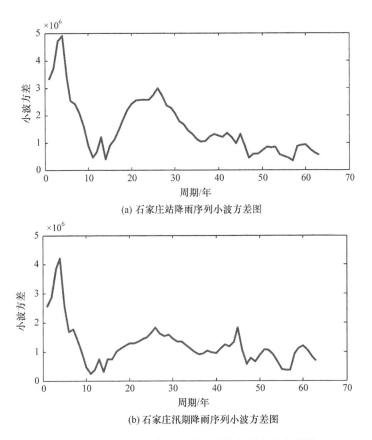

(a) 石家庄站降雨序列小波方差图

(b) 石家庄汛期降雨序列小波方差图

图 8.13　石家庄市降雨序列及汛期序列小波方差图

25 年、45 年、8 年、52 年、60 年尺度的周期。其中以 4 年、25 年及 9 年左右小波方差的极值表现最为显著,说明此三个周期是石家庄汛期降雨序列的主要周期,这三个周期震动决定着石家庄市汛期降雨在整个时间域内的变化特征。值得注意的是:由于降雨序列长度只有 63 年,因此无法确定是否存在 45 年、52 年、60 年的降雨周期,还需要未来对降雨数据的不断完善作进一步的验证。结合图 8.13(a)、图 8.13(b)可以看出,石家庄年降雨序列及汛期降雨序列周期基本一致,均存在 4 年、25 年及 9 年左右的主要降雨周期。

采用相同的方法对邢台市降雨系列进行小波周期分析,如图 8.14 所示。

从图 8.14(a)可以看出,邢台市年降雨量存在 5 年、12 年、28 年、45 年及 59 年左右尺度的周期,主要以 28 年、5 年及 12 年左右小波方差的极值表现最为显著,说明这三个周期为邢台市年降雨的主要周期,这三个周期的振动决定着邢台市年降雨在整个时间域内的变化特征。值得一提的是,由于资料长度有限,无法确定 45 年及 59 年的时间尺度是否为邢台市年降雨的周期,还需要完善数据后作进一

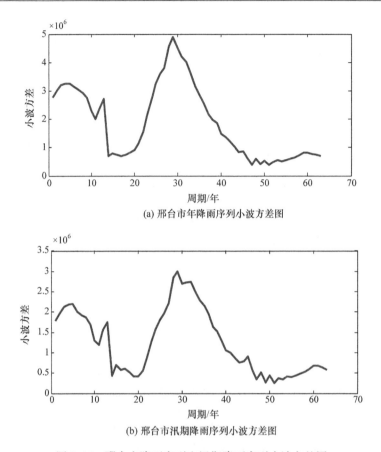

(a) 邢台市年降雨序列小波方差图

(b) 邢台市汛期降雨序列小波方差图

图 8.14　邢台市降雨序列和汛期降雨序列小波方差图

步验证。由图 8.14(b)可以看出,邢台市汛期降雨序列存在 5 年、28 年、33 年、12 年、45 年及 49 年左右尺度的周期,主要以 28 年、5 年、12 年左右小波方差的极值表现最为显著,因此这三个周期为邢台市汛期降雨的主要周期,这三个周期的振动决定着邢台市汛期降雨在整个时间域内的变化特征。需要指出的是,由于降雨数据资料长度只有 63 年,因此不能确定 45 年及 59 年的时间尺度是否为邢台市汛期降雨的周期,还需要对数据补充后作进一步验证。结合图 8.14(a)、图 8.14(b)可以看出,邢台市 63 年降雨序列及 63 年汛期降雨序列周期性基本相同,主要周期都为 5 年、12 年及 28 年。

　　通过快速傅里叶变换、最大熵谱及小波分析法最终确定石家庄市 1951~2013 年降雨周期为:4~5 年、10~11 年左右;邢台市 1951~2013 年降雨周期为 4~5 年及 12 年左右。石家庄市与邢台市地处河北省境内且距离较近,所以有相同的 4~5 年降雨周期。因而可以近似认为,南水北调中线干线京石段工程项目区内降水周期为 4~5 年。

8.5　本章小结

由于南水北调中线干线京石段项目处在运行初级阶段,没有配套的降雨观测设备,缺乏降雨实测数据。本章将石家庄市及邢台市 1951～2013 年 63 年实测年降雨资料移用到南水北调中线干线京石段项目中,通过对石家庄市及邢台市 63 年降雨资料趋势性、突变性以及周期性的分析能够初步了解南水北调中线干线京石段工程降雨特性,以及项目区降雨规律,为工程技术人员提供可靠的技术指导。本章首先分析石家庄市及邢台市 63 年降雨趋势图,得出结论:上述两地区降雨整体呈现下降的趋势,由降雨量累计图分析出上述两市降雨趋势呈先上升后下降的趋势,预测在 2014 年以后石家庄市及邢台市降雨仍呈现减少的趋势。接下来采用 Mann-Kendall 法与石家庄及邢台市降雨序列分别进行趋势性分析,得出结论:石家庄市年降雨及汛期降雨均呈现出下降的趋势,但是下降趋势不显著;同样的,邢台市年降雨及汛期降雨均呈现出下降的趋势,但是下降趋势不显著。上述结论与降雨趋势图及降雨量累计距平曲线分析结果一致,因此,结果真实可靠。通过 Mann-Kendall 突变分析法对上述两地区突变性进行分析,结论如下:石家庄市 63 年降雨序列在 1964 年发生降雨量由多到少的突变,在 2007 年发生降雨量由少到多的突变,上述两个突变均为不显著突变,不需要剔除突变项;邢台市降雨在 1951～2013 年间没有发生突变,但是邢台市 2013 年以后的年降雨量呈现增多的趋势,并且在 2013 年以后的时间里年降雨有可能发生突变现象,该突变为降雨量由少到多的突变。本章最后一部分为降雨周期性分析,采用快速傅里叶变换法、最大熵谱分析法以及小波分析法综合分析石家庄市及邢台市 1951～2013 年降雨序列,最终得出结论:石家庄市 1951～2013 年降雨周期为 4～5 年、10～11 年左右;邢台市 1951～2013 年降雨周期为 4～5 年及 12 年左右。石家庄市与邢台市地处河北省境内且距离较近,所以有相同的 4～5 年降雨周期。因而可以近似认为南水北调中线干线京石段工程项目区内降水周期为 4～5 年。

通过本章对石家庄市及邢台市 1951～2013 年共 63 年降雨序列特征进行分析,将分析结果移用到南水北调中线干线京石段项目中,可以初步了解南水北调中线干线京石段项目区内降雨的一般规律,为工程的正常运行管理提供有益的技术参考,可以初步预测项目区内降雨趋势及未来的降雨情况,为工程的安全运行提供可靠保障。

第 9 章　汛期调度阶段规律分析

渠道在汛期的运行控制比正常运行时的控制更加复杂,在汛期经常会发生降雨,甚至会出现大到暴雨,降雨使渠道水位在短时间内发生上涨,对渠道安全运行会造成不利的影响,甚至会造成严重的事故。京石段应急输水工程在近 5 年的运行时间里,在汛期运行过程中均未发生险情,实现了平稳度汛。因此有必要根据京石段输水工程在近 5 年输水运行过程中的数据,总结汛期前后调度规律,为做好汛期前防汛准备工作,及时应对汛中突发状况,采取有效的措施,为减少暴雨造成的损失提供有益的参考。另外,这些规律也能为以后的输水运行提供了坚实的理论依据以及经验借鉴,达到汛期输水既能有效地防御暴雨灾害又能高效利用暴雨资源的目的。

本章对无资料或缺测资料地区水文问题研究方法进行了总结,并以实际情况为基础,从设计暴雨计算入手分析南水北调京石段项目汛期输水运行规律。

9.1　无资料或缺测资料地区水文问题分析方法

进入 21 世纪后,国际水科学领域面临着重大危机,水资源短缺及生态破坏已经变成了全世界急需解决的重大课题[134-135]。水环境问题不仅对当地产生影响,通过地表的反馈还会波及其他地区,这一问题直接导致水资源短缺、水资源供应不安全、洪水风险及其他一系列水问题[136-137]。另一方面,水科学领域学者在进行水资源分析计算时经常会遇到某些地区缺乏实测水文资料,或者虽有短期实测资料但无法插补延展,这就需要水文工作者通过有效的方法获取所需要的水文资料,无资料地区水文研究是目前国内外水文科学领域的研究重点及难点[138-141]。对此,国际水文科学协会于 2003 年在日本札幌召开了第 23 届国际地球物理和大地测量联合会。会上启动了一个称为"无测站流域水文预测(Predictions for Ungauged Basins,PUB)"的研究计划。该计划主要是为了解决无资料地区的水文预报,关键问题就是减少水文预报中的不确定性,旨在研究水文模拟的新方法,深入探索水文领域新发现,加深拓展水文学的科学基础并积极鼓励国内外水文学者关注缺测资料地区水文过程变化与水文预报研究。

9.1.1　无资料或缺测资料地区径流分析计算方法

无资料或缺测资料地区的水文学研究越来越引起国内外学者的重视,这一领域的研究也是国际水科学领域研究的热点及难点[142]。在进行水文分析计算时为了使序列资料更具有代表性,计算精度更高、结果更加准确可靠,经常需要对水文序列进行相关的插补延展,但在一些偏远地区或是中小型水利工程,经常遇到缺乏实测资料或虽有短期实测资料但无法展延的情况[143]。对于缺测资料地区的径流分析计算的关键是对均值、变差系数、偏差系数进行估算,然后就可计算出设计年径流量,并进一步推求设计径流量的年内分配。目前常用的方法有水文比拟法、参数等值线图法和径流曲线数值法。

1. 水文比拟法

水文比拟法是将参证流域的某一水文特征量移用到设计流域中的一种方法。这种移用是以设计流域影响径流的各项因素与参证流域影响径流的各项因素相似为前提。该方法的关键是要选择恰当的参证流域,该流域需要与设计流域具有相似的下垫面性质及气候条件,同时参证流域应具有较长期的实测序列[144]。

若设计站与参证站位于同一条河流的上、下游,两站的控制面积相差不超过3%时,一般可以直接移用参证站的结果。当流域面积相差 3%～15%,并且降雨和下垫面条件与参证流域相差不大时,则应按面积比修正的方法来推求设计站多年平均流量,即

$$\overline{Q}_{设} = \frac{F_{设}}{F_{参}} \overline{Q}_{参} \tag{9.1}$$

式中,$\overline{Q}_{设}$、$\overline{Q}_{参}$ 为设计流域和参证流域多年平均流量;$F_{设}$、$F_{参}$ 为设计流域和参证流域的流域面积。

当流域面积超过 15%时,还须考虑区间自然地理条件,如降雨或其他有关因素的差异,不能简单地按面积比改正。

偏差系数 C_s 一般参考变差系数 C_v 的值得到,实际工作中常采用 $C_s = 2C_v$。

对于无实测径流资料流域的设计年内分配,广泛使用水文比拟法,即直接移用参证流域各种代表年的月径流量分配比进行计算。该方法的精度取决于参证流域与设计流域的相似程度,特别是面积与下垫面的相似性。

2. 参数等值线图法

水文特征值(如年径流深、年降雨量、时段降雨量等)具有地区分布性,其地理分布具有一定规律,利用这一规律在地形图上通过地理插值即可绘制出上述参数的等值线图。这些等值线图可以方便水文学者获取缺测资料地区年径流量的统计

参数。我国在 20 世纪初进行了大规模的水文调查,勾绘了全国及各省年正常径流等一系列水文特征值的等值线图,在实际工作中可以根据设计流域的地理位置,通过查找参数等值线图找出流域的形心,而后根据等值线内插读出形心处的多年平均年径流深值,推求出设计年径流量。

1) 多年平均年径流量的估算

在应用多年平均径流深等值线图推求无实测资料情况下设计断面处的多年平均年径流量时,必须首先在图上圈出设计断面以上的流域范围,然后定出该流域的形心。当流域面积较小,流域范围内没有等值线穿过,或仅有一、两条等值线穿过时,可直接根据流域形心(或平均高程处)两旁的等值线,用直线内插法读得该点的数值,这就是设计流域的多年平均年径流深,然后乘以流域面积,即得设计流域的年净流量。

当设计流域面积较大,有数条等值线穿过时,则应采用面积加权法来推求设计流域的多年平均年径流深 $\bar{y}$,即

$$\bar{y} = \frac{y_1 f_1 + y_2 f_2 + \cdots + y_n f_n}{F} \tag{9.2}$$

式中,$f_1, f_2, \cdots, f_n$ 为流域界限内相邻两等值线间的面积,其和 F 为全流域面积 (km^2);$y_1, y_2, \cdots, y_n$ 为相邻两等值线读数的平均值(mm)。

必须指出,多年平均年径流深等值线图一般都是依据中等流域的实测径流资料绘制的,因此,等值线图应用于中等流域比较适合,成果精度比较高。若应用于小流域,则由于小流域河槽下切深浅等原因,可能不闭合、不能汇集全部地下径流,图上的读数就可能比实际情况偏大,因此,必要时应进行实地调查,适当加以修正。鉴于上述原因,小流域等值线图一般只对成果进行合理性分析,而不直接引用。

2) 年径流量变差系数 C_v 及偏态系数 C_s 的估算

影响年径流量变化的因素主要是气候因素,因此,在一定程度上也可以用等值线图来表示年径流量变差系数 C_v 在地区上的分布规律,并用它来估算缺测资料的流域年径流量的 C_v。年径流量 C_v 等值线图的绘制和使用方法与多年平均年径流深等值线图相似。但应注意,年径流量 C_v 等值线图的精度一般较低,特别是用于小流域时,误差可能较大,一般 C_v 读数偏小。

各省(区)水文手册、水文图集或水资源分析成果中,均刊载有多年平均年径流深等值线图集及年径流深的 C_v 等值线图,可供缺测资料地区查用。此外,在对年径流深频率计算成果进行合理性分析时,要求统计参数在地区上符合一般规律,此时也可借助于参数等值线图来进行检验和校核[145]。

3. 径流曲线数值模型(SCS 模型)

SCS 模型是美国农业部水土保持局于 1954 年开发研制的流域水文模型[146]。

该模型结构简单、参数少、应用方便,因此被广泛应用于无资料地区的径流量计算[147]。需要指出,由于地理环境存在差异,在不同流域进行降雨径流量计算时,需要对相关参数进行必要的修正,以期得到更加精确的结果。

SCS 模型的降水径流基本关系为

$$\frac{F}{S} = \frac{R}{P - I_a} \tag{9.3}$$

式中,F 为后损(mm);S 为流域当时的最大可能滞留量(mm);R 为各月径流深(mm);P 为各月降水量(mm);I_a 为初损(mm)。

根据水量平衡原理可知

$$P = I_a + F + R \tag{9.4}$$

I_a 不方便获取,引入如下经验关系式:

$$I_a = 0.2S \tag{9.5}$$

根据式(9.3)~式(9.5)可得 SCS 模型产流计算公式为

$$R = \begin{cases} \dfrac{(P - 0.2S)^2}{P + 0.8S}, & P \geqslant 0.2S \\ 0, & P < 0.2S \end{cases} \tag{9.6}$$

由于 S 的变化范围较大,不方便获取准确值,因此引入无因次参数 CN,其取值范围为[0,100],定义关系如下:

$$S = 25400/CN - 245 \tag{9.7}$$

CN 是反映降雨前流域特征的一个综合参数,是一个量纲为 1 的参数,可以根据 SCS 模型的 CN 值表并参考国内外其他研究成果综合得出研究区的 CN 值。

由此,应用 SCS 方法对无资料地区进行径流计算时,只须根据流域的地形地貌、土壤质地等具体特征确定流域特征参数,然后由 SCS 模型的 CN 值表查的 CN 值,经过相关计算即可求得无资料地区径流量。

9.1.2　无资料或缺测资料地区不同频率暴雨计算方法

对缺测资料地区进行设计洪水或其他相关水利计算时,可考虑采用设计暴雨推求设计洪水的方法[148]。该法首先需要对该地区不同频率设计暴雨进行计算,再由设计暴雨推求设计洪水[149-150]。我国水文站网布设密度较低,部分地区现有的水文资料年限较短,因此很多地区没有较为完整的暴雨资料,这一问题对水科研领域的研究造成了极大的阻碍,近几年缺测资料地区的设计暴雨研究已经得到了水文学者的普遍重视。目前,国内外比较常用的设计暴雨计算方法有地区综合法、传统矩法、L-矩法等[151]。

1. 传统矩法

传统矩法是数理统计中应用较为广泛的参数估计方法[152]。我国比较常用的水文频率线型为皮尔逊Ⅲ型曲线,实践证明,该分布线型和我国水文实测资料的分布配合良好,于是被引入水文水利计算中并得到广泛应用。

皮尔逊Ⅲ型分布的概率密度函数为

$$f(X) = \frac{\beta^\alpha}{\Gamma(\alpha)}(X-a_0)^{a-1}\,\mathrm{e}^{-\beta(X-a_0)} \tag{9.8}$$

式中,α、β、a_0 为描述皮尔逊Ⅲ型分布曲线的形状、尺度和位置的参数;$\Gamma(\alpha)$ 为伽马函数。

显然,皮尔逊Ⅲ分布函数曲线完全由 α、β、a_0 这三个参数决定。已经证明,这三个参数和 $\bar{x}$、C_v、C_s 有一定的关系,即

$$\alpha = \frac{4}{C_s}, \quad \beta = \frac{2}{\bar{x}C_v V_s}, \quad a_0 = \bar{x}\left(1-\frac{2C}{C_s}\right) \tag{9.9}$$

式中,$\bar{x}$ 为随机变量的平均数;C_v 为离差系数;C_s 为偏差系数。

不同重现期的设计暴雨计算如下:

$$H_p = K_p H \tag{9.10}$$

式中,K_p 为模比系数,可以通过查表获得。

需要指出,传统矩法在水文频率理论分析中具有理论优势,但是该方法计算复杂,参数获取较为困难,因此,该方法在水文频率计算中应用相对较少。

2. 线性矩法(L-矩法)

线性矩法是目前水文频率计算中应用相对较为广泛的方法。该方法是在传统矩法的基础上发展起来的用于研究洪水频率计算的新方法。它是 Hosking 在 Greenwood 定义的概率权重矩基础上对排序系列的值进行一定的线性组合来计算矩的[153]。线性矩法原理易懂,编程简单,适于上机计算,因而得到了广泛应用。

随机变量 X 满足分布函数 $F(X)$,$F(X)=P(X{\leqslant}x)$,这里的 P 值不超过概率值。$F(X)$ 是连续函数,他的反函数就是随机变量 X 的分位数函数 $X(u)$,所以 $F(X(u))=u$。对于任何频率 p,$X(p)$ 是 X 的下侧 p 分位数。正交多项式 $p_r^*(u)$ 定义如下:

$$p_r^*(u) = \sum_{k=0}^{r} p_{rk}^* u^k \tag{9.11}$$

$$p_{rk}^* = \frac{(-1)^{r-k}(r+k)!}{(k!)^2(r-k)!} \tag{9.12}$$

其中，$p_r^*(u)$ 是 u 的 r 阶多项式；$p_r^*(1) = 1$。

如果 $r \neq s$，

$$\int_0^1 p_r^*(u) p_s^*(u) \mathrm{d}u = 0 \tag{9.13}$$

根据随机变量 X 的分位数函数定义随机变量的 L-矩如下：

$$\lambda_r = \int_0^1 x(u) p_{r-1}^*(u) \mathrm{d}u \tag{9.14}$$

利用概率权重矩，L-矩可以表示如下：

$$\lambda_1 = \alpha_0 \qquad\qquad\qquad = \beta_0 \tag{9.15}$$

$$\lambda_2 = \alpha_0 - 2\alpha_1 \qquad\qquad = 2\beta_1 - \beta_0 \tag{9.16}$$

$$\lambda_3 = \alpha_0 - 6\alpha_1 + 6\alpha_2 \qquad = 6\beta_2 - 6\beta_1 + \beta_0 \tag{9.17}$$

$$\lambda_4 = \alpha_0 - 12\alpha_1 + 30\alpha_2 - 20\alpha_3 \quad = 20\beta_3 - 30\beta_2 + 12\beta_1 - \beta_0 \tag{9.18}$$

其中，α_k 和 β_k 分别表示概率权重矩 $M_{i,0,k}$ 和 $M_{i,j,0}$

各阶 L-矩可表示为

$$\lambda_{r+1} = (-1)^r \sum_{k=0}^r p_{r,k}^* \alpha_k = \sum_{k=0}^r p_{r,k}^* \beta_k \tag{9.19}$$

另外定义以下三个 L-矩系数：

$$L\text{-变差系数：} \tau_2 = \lambda_2 / \lambda_1 \tag{9.20}$$

$$L\text{-偏态系数：} \tau_3 = \lambda_3 / \lambda_2 \tag{9.21}$$

$$L\text{-峰度系数：} \tau_4 = \lambda_4 / \lambda_3 \tag{9.22}$$

3. 暴雨等值线图法

我国水文站网存在布设较稀疏，甚至部分地区没有水文站网观测的问题，导致很多地区没有暴雨洪水实测资料甚至缺乏降雨资料，给我国水科学领域研究造成了极大的困难，为了应对这一问题需采取其他手段获取缺测资料地区水文资料。我国从 20 世纪 50 年代初就开始研制暴雨统计参数等值线图，成果汇编于水利水电科学研究院水文院，各省区也出版了地区的图集和手册，现在全国各省基本都已完整编制了水文手册，结合手册绘制了暴雨等值线图，大多数省、区、市都已绘制出了年最大 24 小时雨量的多年平均值 $\bar{P}_{24}$ 及变差系数 C_v 等值线图，另外还绘制有全国多年平均最大 24 小时雨量 C_s/C_v 分区图[154]。因此，对于缺测资料地区可以通过查阅该省的水文手册或暴雨图集来计算设计暴雨，进而可以计算设计洪水[155]。

暴雨等值线图法是在缺测资料地区有多年平均最大 24h 雨量及其 C_v 等值线图的情况下,首先将缺测资料地区的中心点绘在等值线图上,然后直接读出或内插出该地区中心的 $\overline{P}_{24}$ 和 C_v,再由 C_s/C_v 分区读出 C_s/C_v 的比值,最后计算出该地区设计频率 P 下的最大 24h 设计暴雨量 P_{24}。随着雨量站数量的增加和观测资料的规范化,有些省、市、区对最大 6h 及 1h 的暴雨资料进行了统计分析,绘制出了相应的等值线图,从而可以求出缺测资料地区中心处 6h 及 1h 的设计暴雨量。该方法结果可靠、计算简便,在无资料地区设计暴雨计算中广泛应用。

9.2 设计暴雨计算

由于本研究区内水文资料短缺,没有实测的暴雨资料,本章采用暴雨等值线图法进行设计暴雨参数推求,利用《河北省中小流域设计暴雨洪水图集》中的方法对研究区内不同频率暴雨进行计算,旨在了解研究区内暴雨的发生情况,总结暴雨发生后渠道内水位的上涨情况,在此基础上反推出发生不同频率暴雨情况下渠道内安全的控制水位,为工程设计人员提供有益参考,为工程正式输水运行后渠道内水位控制奠定坚实的理论基础。

9.2.1 设计点雨量

根据《河北省中小流域设计暴雨洪水图集》[156]查得不同历时的点雨量均值 H 和 C_v 值见表 9.1。

表 9.1 不同历时的点雨量均值和 C_v 值

	1h	6h	24h	3d
均值/mm	40	70	90	130
C_v 值	0.55	0.6	0.7	0.75

根据《河北省中小流域设计暴雨洪水图集》查得研究区水文计算中 $C_s = 3.5C_v$,查皮尔逊Ⅲ型频率曲线的模比系数 K_p 值表可得表 9.2。

表 9.2 皮尔逊Ⅲ型曲线模比系数 K_p

历时 \ T/年	5	10	20	50	100	200	300	500
	20%	10%	5%	2%	1%	0.50%	0.33%	0.20%
1h	1.34	1.72	2.1	2.58	2.96	3.34	3.55	3.83
6h	1.35	1.77	2.2	2.76	3.2	3.62	3.87	4.2
24h	1.37	1.88	2.41	3.12	3.68	4.23	4.56	4.98
3d	1.37	1.92	2.51	3.3	3.92	4.55	4.92	5.38

根据表 9.1 中的均值 H 及表 9.2 中的 K_p 值按式(9.23)计算点雨量：

$$H_p = H \times K_p \tag{9.23}$$

当用式(9.23)求得 1h、6h、24h 某一频率的设计暴雨之后，欲求 1～24h 之间任一历时(t)的设计暴雨，可以按式(9.24)计算求得，即

$$H_{tp} = H_{bp}(t/tp)^{1-n_{a,b}} \tag{9.24}$$

式中，H_{tp} 为某一历时设计雨量；H_{bp} 为相邻两个标准历时后一历时的设计雨量；$n_{a,b}$ 为相邻两个标准历时 t_a(前)和 t_b(后)的设计雨量 H_a 和 H_b 区间的暴雨递减指数；n_1 为 10min～1h 的递减指数；n_2 为 1～6h 的递减指数；n_3 为 6～24h 的递减指数；n_4 为 24h～3d 的递减指数。n_1～n_4 的计算公式如下：

$$n_1 = 1 + 1.285 \lg(H_{10\text{min}p}/H_{1p}) \tag{9.25}$$

$$n_2 = 1 + 1.285 \lg(H_{1p}/H_{6p}) \tag{9.26}$$

$$n_3 = 1 + 1.285 \lg(H_{6p}/H_{24p}) \tag{9.27}$$

$$n_4 = 1 + 1.285 \lg(H_{24p}/H_{3dp}) \tag{9.28}$$

通过式(9.25)～式(9.28)求得的不同频率暴雨递减指数如表 9.3 所示。

表 9.3　不同频率暴雨递减指数

T/年 指数	5 20%	10 10%	20 5%	50 2%	100 1%	200 0.50%	300 0.33%	500 0.20%
n_1	0.68	0.67	0.66	0.65	0.64	0.64	0.64	0.64
n_2	0.85	0.83	0.81	0.79	0.78	0.77	0.77	0.76
n_3	0.79	0.78	0.77	0.76	0.76	0.75	0.75	0.75

各标准历时相邻两个时段之间，任一历时 t 设计雨量计算，可分别按下列各式求得。

(1) 10～60min。

$$H_{tp} = H_{60p}(t/60)^{1-n_1} \tag{9.29}$$

(2) 1～6h。

$$H_{tp} = H_{6p}(t/6)^{1-n_2} \tag{9.30}$$

(3) 6～24h。

$$H_{tp} = H_{24p}(t/24)^{1-n_3} \tag{9.31}$$

(4) 24h～3d。

$$H_{tp} = H_{72p}(t/72)^{1-n_4} \tag{9.32}$$

通过上述一系列公式即可求出项目区设计点雨量，如表 9.4 所示。

表 9.4　各历时设计点雨量表　　　　　（单位：mm）

T/年	5	10	20	50	100	200	300	500
点雨量	20%	10%	5%	2%	1%	0.50%	0.33%	0.20%
1h	53.6	68.8	84	103.2	118.4	133.6	142	153.2
6h	94.5	123.9	154	193.2	224	253.4	270.9	294
24h	123.3	169.2	216.9	208.8	331.2	380.7	410.4	448.2
3d	178.1	249.6	326.3	429	509.6	591.5	639.6	699.4

9.2.2　设计面雨量

根据《河北省中小流域设计暴雨洪水图集》的建议：当流域面积小于 $100km^2$ 时，用点设计暴雨量代表流域面雨量计算；当流域面积大于 $100km^2$ 时，则应先计算流域点设计暴雨量，再按点面关系折算，确定面设计暴雨量，通过查阅《河北省中小流域设计暴雨洪水图集》可知，点面折减系数如表 9.5 所示。

表 9.5　点面折减系数

时段	1h	6h	24h	3d
折减系数	0.737	0.737	0.795	0.88

由此可以计算出研究区设计面雨量如表 9.6 所示。

表 9.6　各历时设计点雨量表　　　　　（单位：mm）

T/年	5	10	20	50	100	200	300	500
时段	20%	10%	5%	2%	1%	0.50%	0.33%	0.20%
1h	39.50	50.71	61.91	76.06	87.26	98.46	104.65	112.91
6h	69.65	91.31	113.50	142.39	165.09	186.76	199.65	216.68
24h	98.02	134.51	172.44	166.00	263.30	302.66	326.27	356.32
3d	156.73	219.65	287.14	377.52	448.45	520.52	562.85	615.47

9.2.3　设计暴雨的时程分配（24 小时雨型）

根据《河北省中小流域设计暴雨洪水图集》中所列的方法，本章将研究区不同频率的暴雨进行了 24 小时的时程分配，结果如图 9.1～图 9.4 所示。

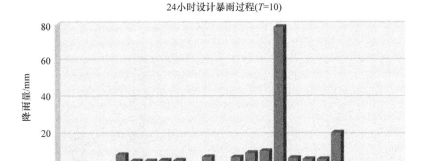

图 9.1　10 年一遇 24 小时设计暴雨过程

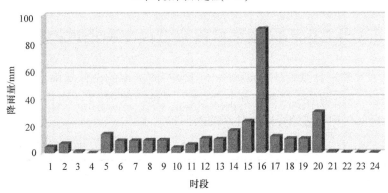

图 9.2　20 年一遇 24 小时设计暴雨过程

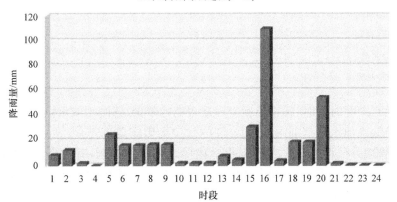

图 9.3　50 年一遇 24 小时设计暴雨过程

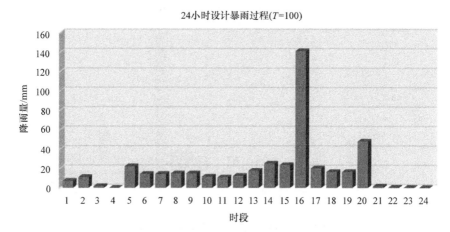

图 9.4　100 年一遇 24 小时设计暴雨过程

9.3　当发生不同频率暴雨京石段工程渠道控制水位

通过 9.2 节设计暴雨计算可得出项目区不同频率的设计暴雨量,当发生不同频率暴雨时,渠道内的水位相应地上涨,表 9.7 给出了当 24 小时内发生 10 年、20年、50 年和 100 年一遇的降雨时各闸的闸前控制水位。

表 9.7　发生不同重现期暴雨各闸前控制水位表　　　　　（单位:m）

节制闸名称	10 年一遇暴雨	20 年一遇暴雨	50 年一遇暴雨	100 年一遇暴雨
磁河控制闸	74.115	74.065	74.999	73.946
漠道沟控制闸	71.604	71.554	71.489	71.436
蒲阳河控制闸	69.054	69.005	68.939	68.887
岗头控制闸	66.336	66.286	66.221	66.169
北易水控制闸	62.914	62.864	62.798	62.745
坟庄河控制闸	62.004	61.954	61.889	61.836
北拒马河控制闸	60.227	60.178	60.113	60.061

在运行调度时,如果预报出现上述重现期的降雨,各闸闸前水位应控制在该表相应的控制闸前水位范围内,否则上涨的水位会影响渠道安全。当发生不同频率降雨时,管理人员可结合表 9.7,对渠道内的水位提前控制,有效地应对发生暴雨后渠道内水位的上涨,使管理人员可以更好地应对暴雨的发生,降低由暴雨导致的渠道内的安全隐患。

9.4 实际降雨对渠道水位影响

9.4.1 总体情况

南水北调京石段工程主要节制闸有 9 座,各闸门均能根据调度指令实现自动控制,其具体位置如图 9.5 所示。

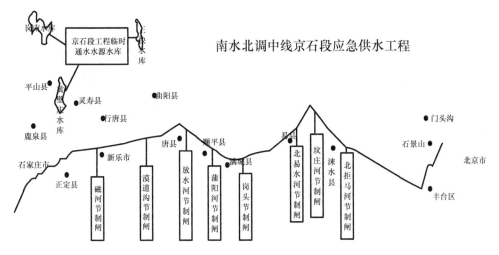

图 9.5 南水北调京石段工程节制闸位置示意图

根据京石段历史汛期调度数据绘制出四次输水过程中各节制闸前水位变化图,如图 9.6~图 9.9 所示。图 9.6~图 9.9 中各趋势线从上到下依次为:磁河闸前水位、漠道沟闸前水位、蒲阳河闸前水位、岗头闸前水位、北易水闸前水位、坟庄河闸前水位、北拒马河闸前水位。

从图 9.6~图 9.9 中可以看出,四次通水过程中整个渠道水位变化平缓,上下幅度很小,稳定水位基本都远远小于渠道的设计水位,没有因为降雨而发生水位短时间上涨幅度较大的情况,有部分渠段水位上涨偏高但没有达到渠道的警戒水位。在这四次输水过程中,个别区段即使发生水位涨幅偏大的情况,但通过及时调节上下游的节制闸,水位也迅速回落到可以控制的范围内。总体上京石段输水工程在 2008~2012 年的输水过程中,在汛期没有因降雨发生突发事故的情况,做到了平稳度汛,较好地完成了为北京输水的任务。

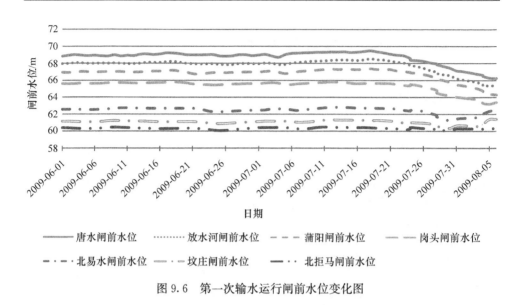

图 9.6　第一次输水运行闸前水位变化图

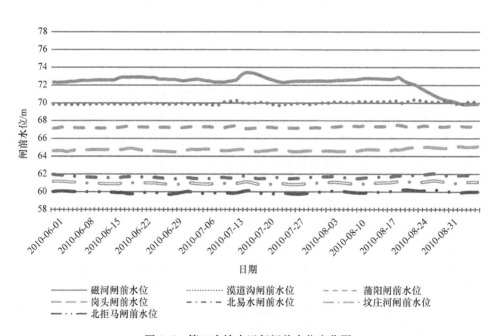

图 9.7　第二次输水运行闸前水位变化图

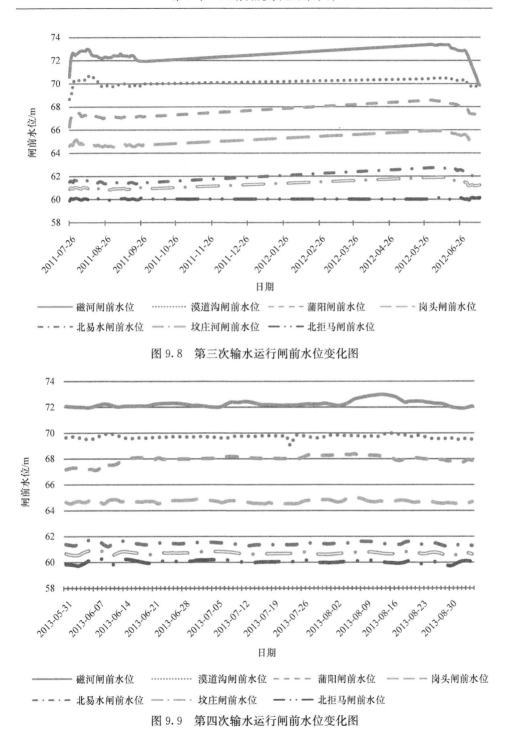

图 9.8　第三次输水运行闸前水位变化图

图 9.9　第四次输水运行闸前水位变化图

9.4.2　典型情况

在四次输水运行过程中,渠道内在汛期经历了一些不同强度的降雨,受降雨影响渠道水位有不同程度的上涨,前三次输水,节制闸调节比较频繁,导致局部时段水位浮动较大,且没有降雨的观测记录,无法判定水位的上涨是受降雨的影响,还是闸门调节的影响。第四次输水,虽也没有雨量的观测,但有详细的日报。因此本部分主要分析第四次输水过程中,降雨对输水渠道内水位波动的影响。根据第四次通水日报记录,汛期内的降雨主要以小雨为主,降雨量普遍不大,少数情况发生小到中雨,在整个汛期没有发生大雨甚至暴雨的情况。根据第四次通水数据可以分析出,受小雨的影响各闸的闸前水位一般上涨 20～30mm,且有些渠段闸前水位变化不明显;当发生中雨时,各闸的闸前水位一般上涨 70～80mm,个别渠段闸前水位甚至超过 200mm。具体情况如下。

(1) 根据第四次通水日报的记录,2013 年 6 月 23 日,京石段全线普降小雨,最晚至 24:00 雨停。根据 2012～2013 年输水运行调度记录,在降雨期间,各节制闸没有频繁地调节闸门,受降雨的影响磁河节制闸、坟庄河节制闸及北拒马河节制闸闸前水位均有不同程度的上涨,在闸门开度不变的情况下,磁河节制闸闸前水位在降雨期间上涨 36mm,坟庄河节制闸闸前水位上涨 30mm,北拒马河节制闸闸前水位上涨 55mm,其他节制闸闸前水位基本没有受到此次降雨的影响,闸前水位基本没有上涨的情况。在降雨期间各闸水位的变化情况如图 9.10～图 9.12 所示。

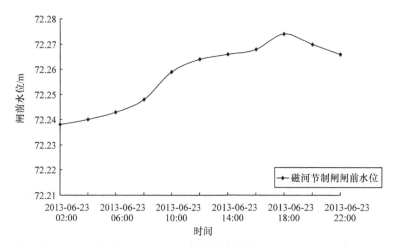

图 9.10　磁河闸闸前水位变化图

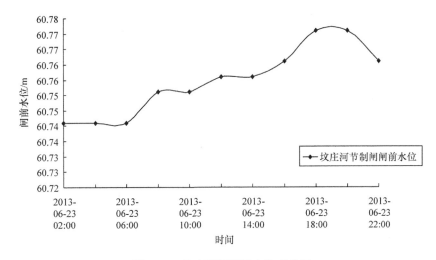

图 9.11　坟庄河闸闸前水位变化图

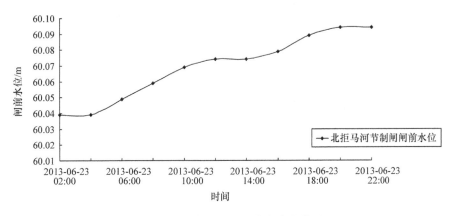

图 9.12　北拒马河闸闸前水位变化图

　　从图 9.10～图 9.12 中可以看出,受本次降雨影响,磁河节制闸、坟庄河节制闸、北拒马河节制闸的闸前水位在降雨期间呈持续上涨的趋势,在降雨结束后水位开始有所回落,但水位涨幅不大,最大的是北拒马河节制闸上涨 55mm,最小的是坟庄河上涨 30mm。这说明当京石段全线普降小雨时,降雨对渠道水位的影响不大,水位涨幅很小。

　　(2) 根据第四次输水日报记录,2013 年 6 月 9 日～10 日,京石段全线普遍降雨,其中放水河节制闸附近 6 月 10 日晨间发生大雨。由 2012～2013 年的观测数据可知,受降雨的影响,磁河节制闸、漠道沟节制闸、蒲阳河节制闸、岗头节制闸闸前水位均有上涨,且涨幅偏大。其他节制闸前水位受降雨影响较小,基本没有水位上涨的情况。在降雨期间,磁河节制闸在没有调整开度的情况下,闸前水位上涨

126mm;漠道沟节制闸在 6 月 9 日 16：00 将闸门开度由 0.26m 变为 0.27m,在降雨发生的其他时段没有调整闸门开度,在闸门开度不变的时间里,闸前水位上涨220mm;蒲阳河在降雨期间多次调整闸门开度,该闸前水位受闸门开度变化以及降雨影响,水位持续上涨;岗头节制闸在闸门开度不变的情况下,闸前水位上涨了230mm。上述各节制闸闸前水位在降雨期间的变化情况如图 9.13～图 9.16所示。

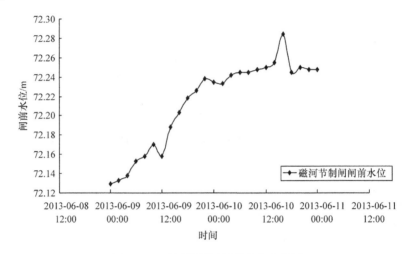

图 9.13　磁河节制闸闸前水位变化图

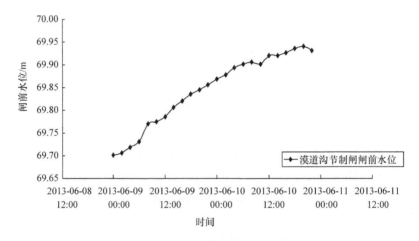

图 9.14　漠道沟节制闸闸前水位变化图

从图 9.13～图 9.16 中可以看出,在降雨期间,上述各节制闸闸前水位均有不同程度的上涨,在降雨过后水位逐渐开始回落,由于本次降雨偏大,故各闸前水位涨幅偏大,最大的是岗头节制闸闸前水位上涨了 230mm,其次漠道沟节制闸闸前水

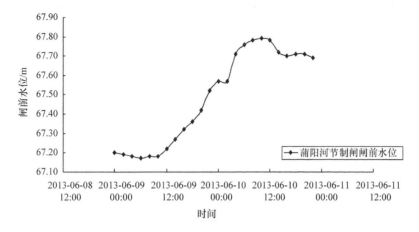

图 9.15　蒲阳河节制闸闸前水位变化图

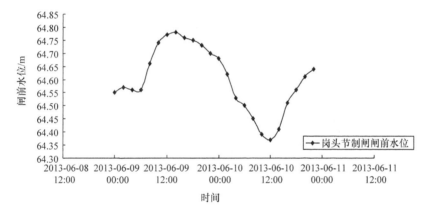

图 9.16　岗头节制闸闸前水位变化图

位也上涨了 220mm。需要指出的是:漠道沟节制闸为了控制下游岗头节制闸水位,在降雨期间对闸门开度进行了几次调整,所以岗头节制闸受上游漠道沟节制闸闸门开度的影响,水位才会呈先上升后下降,然后又有小幅上升的趋势。总体来看这次降雨对渠道内水位的影响比较大,各闸前水位的涨幅偏高,但是在降雨结束后水位便开始迅速回落,在降雨期间调度人员适当地对部分节制闸开度进行了调整,降雨没有对工程的运行造成不良影响。

(3) 根据第四次输水日报记录,渠道内在 2013 年 7 月 8 日 23:30～9 日 06:30,京石段全线降雨,降雨量约为 2～80mm,其中磁河节制闸、漠道沟节制闸、蒲阳河节制闸、北拒马河节制闸发生中到大雨。在降雨期间各闸闸门开度及水位变化情况如表 9.8 所示。

从表 9.8 中可以看出,在降雨期间,各闸闸门开度都没有调整,而各闸前水位均有比较大幅度的上涨,受降雨影响局部渠道闸前水位涨幅偏大,最大的是岗头节制闸闸前水位上涨了 100mm,其次磁河节制闸闸前水位也上涨了 95mm,漠道沟节制闸闸前水位受降雨影响较小,只有 5mm。本次降雨对渠道内部分渠段水位影响较大。

通过对上述三次典型降雨情况的分析可知,当发生小到中雨时,渠道内水位上涨不大,一般在 20～30mm,部分渠段水位甚至没有影响;当发生大雨时,渠道内水位在降雨时段会有短时间内的上涨,一般在 80～100mm,个别渠段达到 230mm,但是通过及时地调整闸门开度,水位在降雨结束后会很快回落到正常水位。

总体来看,在这 5 年的输水过程中,汛期发生的暴雨没有对渠道安全造成较大的影响,在输水过程中没有因为降雨导致较大的事故,没有因为降雨影响工程的正常输水运行,整个工程在这 5 年的输水运行过程中均实现了平稳度汛。

表 9.8　各闸闸门开度及闸前水位表(7 月 9 日)

| 时间 | 磁河闸 | | 漠道沟闸 | | 蒲阳河闸 | | 岗头闸 | | 北易水闸 | | 坟庄河闸 | | 北拒马河闸 | |
	开度/m	水位/m	开度/m	水位/m	开度/m	水位/m	开度/m	水位/m	开度/m	水位/m	开度/m	水位/m	开度/m	水位/m
00:00	0.130	72.131	0.290	69.576	0.070	68.111	0.220	64.620	0.440	61.450	0.510	60.801	0.224	60.174
02:00	0.130	72.173	0.290	69.572	0.07	68.131	0.220	64.630	0.440	61.480	0.510	60.806	0.224	60.169
04:00	0.130	72.226	0.290	69.571	0.07	68.151	0.220	64.680	0.440	61.480	0.510	60.816	0.224	60.184
06:00	0.140	72.218	0.290	69.581	0.07	68.161	0.220	64.720	0.440	61.480	0.510	60.816	0.224	60.184
水位上涨/mm	95		5		50		100		30		15		10	

9.5　不同重现期的暴雨对渠道水位的影响以及相应的措施

根据《河北省中小流域设计暴雨洪水图集》分析计算得本次京石段工程 24 小时内发生不同重现期暴雨时的降雨深,如表 9.9 所示。

表 9.9　不同重现期降雨深

重现期/年	5	10	20	50	100	200	300	500
降雨深/mm	123.3	169.2	216.9	280.8	331.2	380.7	410.4	448.2

当渠道范围内发生上述不同重现期的降雨时,根据不同的降雨深可以计算出闸前水位的上涨情况,通过分析上涨的水位与渠道的警戒水位可以分析出不同频率的降雨是否会对渠道安全以及工程正常运行造成影响。

根据输水数据记录可以得出各闸前水位情况如表 9.10 所示。

表 9.10　各节制闸不同闸前水位表　　　　　　　　（单位：m）

项目	磁河	漠道沟	蒲阳河	岗头	北易水	坟庄河	北拒马河
控制水位	72.07	69.60	67.14	64.61	61.36	60.64	60.00
设计水位	73.66	71.32	68.64	65.99	62.84	62.00	60.30
警戒水位	74.29	71.78	69.23	66.51	63.09	62.18	60.40

根据表 9.9、表 9.10 可以分析出当发生不同重现期的降雨时，上涨后的水位与设计水位及警戒水位之间的关系。

9.5.1　10 年一遇降雨时水情分析

（1）当水位位于应急工程设计的控制水位，发生 10 年一遇的降雨时，由表 9.9 可知，渠道内水位上涨 169.2mm，通过计算可得出各节制闸发生 10 年一遇降雨时的降雨汇流深及汇流深在水位总升高中所占的比例，如表 9.11 所示。

表 9.11　控制水位情况下发生 10 年一遇降雨各闸汇流深

项目	磁河	漠道沟	蒲阳河	岗头	北易水	坟庄河	北拒马河
10 年一遇汇流深/mm	6.43	6.84	6.53	5.33	7.11	6.79	4.23
10 年一遇降雨深/mm	169.20	169.20	169.20	169.20	169.20	169.20	169.20
汇流深所占比例/%	3.66	3.89	3.72	3.05	4.03	3.86	2.44

将降雨深与汇流深相加可得出水位的上涨情况，具体水位的变化情况如图 9.17、图 9.18 所示。

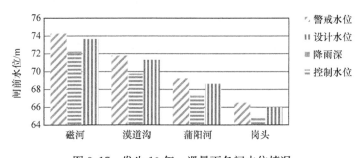

图 9.17　发生 10 年一遇暴雨各闸水位情况

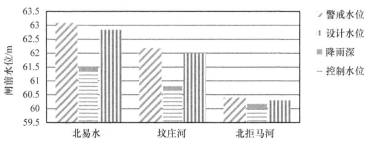

图 9.18　发生 10 年一遇暴雨各闸水位情况

从图 9.16、图 9.17 中可以看出发生降雨后水位的上涨情况，上涨后的水位同设计水位相差很大，一般情况下不会对渠道安全造成严重影响。

（2）当水位位于应急工程设计的设计水位，发生 10 年一遇的降雨时，由表 9.9 可知，渠道内水位上涨 169.2mm，通过计算可得出各节制闸发生 10 年一遇降雨时的降雨汇流深及汇流深在水位总升高中所占的比例，如表 9.12 所示。

表 9.12　设计水位情况下发生 10 年一遇降雨各闸汇流深

项目	磁河	漠道沟	蒲阳河	岗头	北易水	坟庄河	北拒马河
10 年一遇汇流深/mm	3.63	3.67	3.74	3.13	3.79	3.89	3.59
10 年一遇降雨深/mm	169.20	169.20	169.20	169.20	169.20	169.20	169.20
汇流深所占比例/%	2.10	2.12	2.16	1.82	2.19	2.25	2.08

将降雨深与汇流深相加可得出水位的上涨情况，具体水位的变化情况如表 9.13 所示。

表 9.13　发生 10 年一遇暴雨各闸水位变化情况

项目	磁河	漠道沟	蒲阳河	岗头	北易水	坟庄河	北拒马河
降雨深/m	0.169	0.169	0.169	0.169	0.169	0.169	0.169
汇流深/mm	3.63	3.67	3.74	3.13	3.79	3.89	3.59
设计水位/m	73.66	71.32	68.64	65.99	62.84	62.00	60.30
降雨后水位/m	73.833	71.493	68.813	66.162	63.013	62.173	60.473
警戒水位/m	74.29	71.78	69.23	66.51	63.09	62.18	60.40

根据表 9.13 可知，渠道在设计水位下运行发生 10 年一遇的暴雨时，上涨的水位基本没有达到渠道的警戒水位，一般情况下不会对渠道造成严重的影响。

根据上述数据及相应分析可以得出在以后的输水运行过程中 24 小时内发生

10 年一遇降雨时的控制水位,如表 9.14 所示。

表 9.14　发生 10 年一遇暴雨各闸控制闸前水位　　　　　　（单位:m）

节制闸	设计水位	警戒水位	控制闸前水位
磁河节制闸	73.66	74.29	74.115
漠道沟节制闸	71.32	71.78	71.604
蒲阳河节制闸	68.64	69.23	69.054
岗头节制闸	65.99	66.51	66.336
北易水节制闸	62.84	63.09	62.914
坟庄河节制闸	62.00	62.18	62.004
北拒马河节制闸	60.30	60.40	60.227

在以后的输水运行过程中,24 小时内发生 10 年一遇的降雨时,渠道内各闸门的水位控制在表 9.14 所述的警戒水位时比较安全。

9.5.2　20 年一遇降雨时水情分析

（1）当水位位于应急工程设计的控制水位,24 小时内发生 20 年一遇的降雨时,由表 9.9 可知渠道内水位上涨 216.9mm,通过计算可得出各节制闸发生 20 年一遇降雨时的降雨汇流深及汇流深在水位总升高中所占的比例,如表 9.15 所示。

表 9.15　控制水位情况下发生 20 年一遇降雨各闸汇流深

项目	磁河	漠道沟	蒲阳河	岗头	北易水	坟庄河	北拒马河
20 年一遇汇流深/mm	8.26	8.79	8.38	6.84	9.13	8.71	5.43
20 年一遇降雨/mm	216.90	216.90	216.90	216.90	216.90	216.90	216.90
汇流深所占比例/%	3.67	3.89	3.72	3.06	4.04	3.86	2.44

将降雨深与汇流深相加可得出水位的上涨情况,具体水位的变化情况如图 9.19、图 9.20 所示。

从图 9.19、图 9.20 中可以看出,当 24 小时内发生 20 年一遇的降雨时,上涨的水位没有达到渠道设计水位,而且与设计水位相差很大,因此一般情况下不会对渠道安全造成影响。

（2）当水位位于应急工程设计的设计水位,24 小时内发生 20 年一遇的降雨时,由表 9.9 可知渠道内水位上涨 216.9mm,通过计算可得出各节制闸发生 20 年一遇降雨时的降雨汇流深及汇流深在水位总升高中所占的比例,如表 9.16 所示。

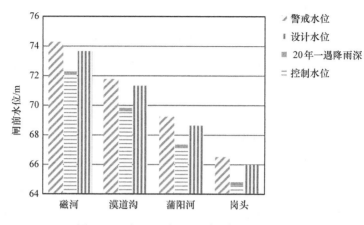

图 9.19　发生 20 年一遇暴雨各闸水位情况

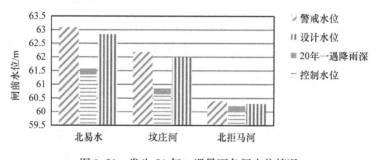

图 9.20　发生 20 年一遇暴雨各闸水位情况

表 9.16　设计水位情况下发生 20 年一遇降雨各闸汇流深

项目	磁河	漠道沟	蒲阳河	岗头	北易水	坟庄河	北拒马河
20 年一遇汇流深/mm	4.66	4.71	4.80	4.01	4.86	4.73	4.61
20 年一遇降雨深/mm	216.90	216.90	216.90	216.90	216.90	216.90	216.90
汇流深所占比例/%	2.10	2.13	2.17	1.82	2.19	2.13	2.08

　　将降雨深与汇流深相加即为水位总体上涨量,具体上涨情况如表 9.17 所示。

表 9.17　发生 20 年一遇暴雨各闸水位变化情况

项目	磁河	漠道沟	蒲阳河	岗头	北易水	坟庄河	北拒马河
降雨深/m	0.216	0.216	0.216	0.216	0.216	0.216	0.216
汇流深/mm	4.66	4.71	4.8	4.01	4.86	4.73	4.61
设计水位/m	73.66	71.32	68.64	65.99	62.84	62.00	60.30
降雨后水位/m	73.881	71.541	68.861	66.210	63.061	62.221	60.521
警戒水位/m	74.29	71.78	69.23	66.51	63.09	62.18	60.40

根据表 9.17 可知,当发生 20 年一遇的降雨时,上涨后的水位没有达到渠道的警戒水位,一般情况下不会造成安全隐患,其中坟庄河与北拒马河上涨的水位达到了警戒水位,需要引起重视。

通过上述分析与相关数据可以得出,当 24 小时内发生 20 年一遇暴雨时渠道内各闸前水位的控制水位,如表 9.18 所示。

表 9.18　发生 20 年一遇暴雨各闸前控制水位　　　　　　（单位:m）

节制闸	设计水位	警戒水位	闸前控制水位
磁河节制闸	73.66	74.29	74.065
漠道沟节制闸	71.32	71.78	71.554
蒲阳河节制闸	68.64	69.23	69.005
岗头节制闸	65.99	66.51	66.286
北易水节制闸	62.84	63.09	62.864
坟庄河节制闸	62.00	62.18	61.954
北拒马河节制闸	60.30	60.40	60.178

在今后的输水运行过程中,当发生 20 年一遇的暴雨时,渠道内各闸的闸前水位应控制在表 9.18 中所述警戒水位的范围以内,否则当发生暴雨时渠道内的水位可能达到警戒水位,这样会对渠道的安全造成影响。

9.5.3　50 年一遇降雨时水情分析

(1) 当各闸前水位保持在应急输水设计控制水位,渠道内 24 小时内发生 50 年一遇的暴雨时,根据表 9.9 可知,渠道内水位上涨 280.8mm,通过计算可得出各节制闸发生 20 年一遇降雨时的降雨汇流深及汇流深在水位总升高中所占的比例,如表 9.19 所示。

表 9.19　控制水位情况下发生 50 年一遇降雨各闸汇流深

项目	磁河	漠道沟	蒲阳河	岗头	北易水	坟庄河	北拒马河
50 年一遇汇流深/mm	10.65	11.34	10.81	8.83	11.79	11.24	7.01
50 年一遇降雨深/mm	280.80	280.80	280.80	280.80	280.80	280.80	280.80
汇流深所占比例/%	3.65	3.88	3.71	3.05	4.03	3.85	2.44

将降雨深与汇流深相加可得出水位的上涨量,具体水位的上涨情况如图 9.21、图 9.22 所示。

从图 9.21、图 9.22 中可以看出,当 24 小时内发生 50 年一遇的降雨时,水位有明显的上涨,但由于控制水位较低,上涨的水位没有达到渠道的设计水位,其中北拒马河节制闸除外,该闸上涨后的水位已经很接近设计水位,但是整体来看,受

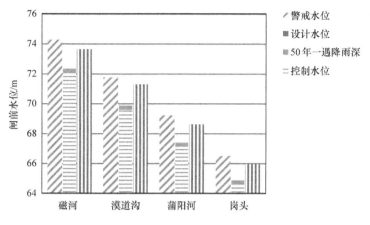

图 9.21　发生 50 年一遇暴雨各闸前水位情况

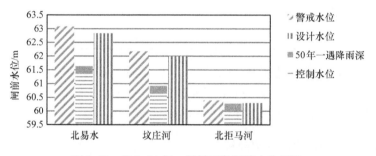

图 9.22　发生 50 年一遇暴雨各闸前水位情况

降雨影响上涨的水位不会对渠道的安全造成严重的影响。

（2）当水位位于应急工程设计的设计水位，24 小时内发生 50 年一遇的降雨时，由表 9.9 可知，渠道内水位上涨 216.9mm，通过计算可得出各节制闸发生 20 年一遇降雨时的降雨汇流深及汇流深在水位总升高中所占的比例，如表 9.20 所示。

表 9.20　设计水位情况下发生 50 年一遇降雨各闸汇流深

项目	磁河	漠道沟	蒲阳河	岗头	北易水	坟庄河	北拒马河
50 年一遇汇流深/mm	6.01	6.08	6.20	5.18	6.27	6.11	5.95
50 年一遇降雨深/mm	280.80	280.80	280.80	280.80	280.80	280.80	280.80
汇流深所占比例/%	2.10	2.12	2.16	1.81	2.18	2.13	2.07

将 50 年一遇的降雨深与汇流深相加即可得出水位总的上涨量，具体的上涨情况如表 9.21 所示。

表 9.21　发生 50 年一遇暴雨各闸水位变化情况

	磁河	漠道沟	蒲阳河	岗头	北易水	坟庄河	北拒马河
降雨深/m	0.280	0.280	0.280	0.280	0.280	0.280	0.280
汇流深/mm	6.01	6.08	6.20	5.18	6.27	6.11	5.95
设计水位/m	73.66	71.32	68.64	65.99	62.84	62.00	60.30
降雨后水位/m	73.946	71.606	68.926	66.275	63.126	62.286	60.586
警戒水位/m	74.29	71.78	69.23	66.51	63.09	62.18	60.40

根据表 9.21 可知,当发生 50 年一遇的暴雨时,上涨后的水位基本没有达到渠道的警戒水位,其中北拒马河节制闸水位超过了渠道的警戒水位,当发生类似的洪水时需要引起高度重视,适当调整渠道内该闸的控制水位。

根据上述数据及相关的数据分析可得出 24 小时内发生 50 年一遇的降雨时的一个比较合理的控制水位,如表 9.22 所示。

表 9.22　发生 50 年一遇暴雨各闸前控制水位　　　　　（单位:m）

节制闸	设计水位	警戒水位	闸前控制水位
磁河节制闸	73.66	74.29	73.999
漠道沟节制闸	71.32	71.78	71.489
蒲阳河节制闸	68.64	69.23	68.939
岗头节制闸	65.99	66.51	66.221
北易水节制闸	62.84	63.09	62.798
坟庄河节制闸	62.00	62.18	61.889
北拒马河节制闸	60.30	60.40	60.113

在今后的输水运行中,24 小时内发生 50 年一遇的降雨时,各闸前水位应控制在表 9.22 中所述的闸前控制水位范围以内,这样保证发生降雨时上涨的水位不会对渠道安全造成严重的影响,当控制水位高于表 9.22 中所述的闸前控制水位时,发生 50 年一遇的降雨后上涨的水位很容易超过警戒水位,这样的情况有可能影响工程的正常输水运行。

9.5.4　100 年一遇降雨时水情分析

（1）在各闸前水位保持在应急输水时设计的控制水位的情况下,24 小时内发生 100 年一遇的暴雨时,根据表 9.9 可以初步分析出,受降雨的影响,渠道内水位上涨了 331.2mm,通过计算可以得出当发生 100 年一遇暴雨时渠道坡面的汇流深及汇流深在水位总升高中所占的比例,如表 9.23 所示。

表 9.23　控制水位情况下发生 100 年一遇降雨各闸汇流深

项目	磁河	漠道沟	蒲阳河	岗头	北易水	坎庄河	北拒马河
100 年一遇汇流深/mm	12.59	13.40	12.78	10.43	13.93	13.29	8.29
100 年一遇降雨深/mm	331.20	331.20	331.20	331.20	331.20	331.20	331.20
汇流深所占比例/%	3.66	3.89	3.72	3.05	4.04	3.86	2.44

具体水位的变化情况如图 9.23、图 9.24 所示。

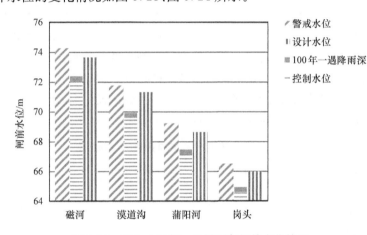

图 9.23　发生 100 年一遇暴雨各闸前水位情况

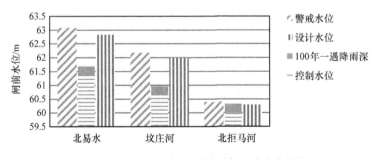

图 9.24　发生 100 年一遇暴雨各闸前水位情况

从图 9.23、图 9.24 中可以看出，当 24 小时内发生 100 年一遇的降雨时，水位上涨较大，其中北拒马河节制闸上涨后的水位已经超过设计水位并且很接近警戒水位，其他节制闸上涨的水位没有达到设计水位。

（2）当水位位于应急工程设计的设计水位，24 小时内发生 100 年一遇的降雨时，由表 9.9 可知渠道内水位上涨 216.9mm，通过计算可得出各节制闸发生 100 年一遇降雨时的降雨汇流深及汇流深在水位总升高中所占的比例，如表 9.24 所示。

表 9.24　设计水位情况下发生 100 年一遇降雨各闸汇流深

项目	磁河	漠道沟	蒲阳河	岗头	北易水	坟庄河	北拒马河
100 年一遇汇流深/mm	7.09	7.16	7.31	6.10	7.40	7.20	7.02
100 年一遇降雨深/mm	331.20	331.20	331.20	331.20	331.20	331.20	331.20
汇流深所占比例/%	2.10	2.12	2.16	1.81	2.19	2.13	2.08

将 100 年一遇的汇流深与降雨深相加即可得出水位上涨的总体情况,具体上涨后的水位如表 9.25 所示。

表 9.25　发生 100 年一遇暴雨各闸水位变化情况

	磁河	漠道沟	蒲阳河	岗头	北易水	坟庄河	北拒马河
降雨深/m	0.331	0.331	0.331	0.331	0.331	0.331	0.331
汇流深/mm	7.09	7.16	7.31	6.10	7.40	7.20	7.02
设计水位/m	73.66	71.32	68.64	65.99	62.84	62.00	60.30
降雨后水位/m	73.998	71.658	68.978	66.327	63.178	62.338	60.638
警戒水位/m	74.29	71.78	69.23	66.51	63.09	62.18	60.40

根据表 9.24 和表 9.25 可以看出,当发生 100 年一遇的降雨时渠道上游各节制闸没有较大的安全隐患,但是渠道中下游节制闸上涨后的水位超过警戒水位,需要引起高度重视,提前制订相应预案,适当调整输水运行的控制水位。

通过上述各表数据及相应的分析可以得出 24 小时内发生 100 年一遇的降雨时各节制闸前的控制水位,如表 9.26 所示。

表 9.26　发生 100 年一遇暴雨各闸前控制水位　　　　　（单位:m）

节制闸	设计水位	警戒水位	闸前控制水位
磁河节制闸	73.66	74.29	73.946
漠道沟节制闸	71.32	71.78	71.436
蒲阳河节制闸	68.64	69.23	68.887
岗头节制闸	65.99	66.51	66.169
北易水节制闸	62.84	63.09	62.745
坟庄河节制闸	62.00	62.18	61.836
北拒马河节制闸	60.30	60.40	60.061

在今后的输水运行过程中,当 24 小时内发生 100 年一遇的暴雨时,水位应控制在表 9.26 中所述的闸前控制水位以内,若控制水位再升高就有可能达到渠道内的警戒水位,这样的情况很容易对渠道的安全造成影响,甚至影响工程的正常输水运行。

　　通过对不同重现期的降雨情况分析可知,当渠道内水位位于应急输水工程设计的控制水位,由于该水位相对较低,即使 24 小时内发生 100 年一遇的降雨,渠道水位有大幅度的上涨,但是上涨的水位还没有达到渠道的设计水位,一般情况下不会对渠道造成比较严重的后果,需要指出的是北拒马河节制闸水位偏高,当 24 小时内发生 100 年一遇的暴雨后,上涨的水位基本达到警戒水位,这样的情况需要高度重视,其他节制闸通过适当调节闸门可以使上涨的水位很快回落到正常,基本不会影响工程的正常输水运行。

　　在以后正式的输水运行过程中,当 24 小时内发生不同重现期的降雨时,水位应控制在上述各表中相应的闸前控制水位范围内,否则上涨的水位会对渠道的安全造成不同程度的影响。

9.6　本章小结

　　(1) 通过分析历史降雨对京石段渠道水位的影响可知,在汛期,渠道内多以小雨为主,如 2013 年 6 月 23 日的降雨,当发生类似的降雨时,渠道内水位普遍上涨20~30mm,部分渠段水位不受影响;当渠道内发生中到大雨时,如 2013 年 6 月 9 日~10 日的降雨,渠道内的水位一般上涨 80~100mm,部分渠道涨幅更大,如2013 年 7 月 9 日凌晨的降雨,受降雨影响,个别渠段水位涨幅很大,但是在降雨过程中没有通过调节闸门控制水位,当降雨结束后水位很快回落到正常,不影响渠道的正常输水。

　　(2) 本次研究分析的范围是南水北调工程的石家庄到北京段,汛期是 6 月~9月,洪水发生的季节与暴雨相应,且大多数发生在 7 月下旬~8 月上旬。在近五年的输水运行过程中,在汛期未发生因为降雨而影响渠道正常输水的情况,这四次输水运行均做到了平稳安全度汛。根据历史调度运行状况及前面对近五年汛期输水运行规律的分析,在汛期,工程的调度运行应遵循以下原则。

　　① 本次工程中岗头节制闸处在高填方段,水位过高容易造成安全隐患,因此,当该闸前水位过高时就需要关小其上游的闸门、调大其下游的闸门以控制水位,使该闸水位不会因水位过高而影响渠道的安全。例如,受 2013 年 6 月 9 日~10 日降雨的影响,部分渠段水位涨幅偏高,岗头节制闸前水位涨幅也偏高(见图 9.15)。在降雨期间,岗头节制闸水位持续上涨,为了控制水位,调小了其上游的蒲阳河节制闸的闸门开度,因此岗头节制闸前水位开始逐渐回落到正常水位。在今后的输水过程中也要考虑高填方渠段水位不易过高的原则,通过调小高填方段上游闸门及开大下游闸门来控制水位,使该渠段内水位不会过高对工程的正常输水运行造成影响。

　　② 在某一渠段水位已经偏高的情况下,若发生不同重现期的暴雨时,要根据

降雨预报获取的降雨信息,分析降雨对渠道水位上涨的影响程度,可考虑减少入渠水量,视情况调节各闸门开度,在降雨过程中要注意观测降雨量及渠道水位,根据工程的特性如高填方段及深挖方段和渠段蓄水能力调节闸门的开度,控制水位,当水位持续上涨、居高不下时,必要的时候要考虑开启退水闸。

③ 在今后的输水运行过程中,在 24 小时内发生不同重现期的降雨时,可以参照表 9.27 中给出的各闸的闸前控制水位作出相应调整,以防止降雨后水位上涨过高对渠道安全造成严重的影响。

表 9.27　发生不同重现期暴雨各闸前控制水位表　　　　　　（单位:m）

控制闸名称	10 年一遇暴雨	20 年一遇暴雨	50 年一遇暴雨	100 年一遇暴雨
磁河控制闸	74.115	74.065	74.999	73.946
漠道沟控制闸	71.604	71.554	71.489	71.436
蒲阳河控制闸	69.054	69.005	68.939	68.887
岗头控制闸	66.336	66.286	66.221	66.169
北易水控制闸	62.914	62.864	62.798	62.745
坟庄河控制闸	62.004	61.954	61.889	61.836
北拒马河控制闸	60.227	60.178	60.113	60.061

④ 在汛期除加强渠道水位的观测、关注降雨预报,建议增加降雨的观测,同时保持各排水渠道的畅通。根据降雨预报提前做出应对不同程度降雨的预案,如预报沿线普降大雨到暴雨,要提前适当地减少入渠水量,根据各渠道的蓄水能力提前把水存到蓄水能力大的渠段,保证降雨期间输水渠道的安全运行。

第 10 章 冰期调度阶段规律分析

南水北调中线京石段供水工程起于河北省石家庄,止于北京的团城湖,渠道全长 307km,由于沿线冬季天气寒冷,通常都会出现结冰现象[157]。冰期输水调度与其他时期有很大不同,为做好冰期输水运行工作,确保冰期通水工作的顺利进行,进行冰期调水规律研究很有必要[158]。本次研究以京石段四次冰期调度运行数据为基础,结合《南水北调京石段应急供水工程冰期输水运行初步方案》和《南水北调京石段工程冰期输水运行技术要求》,分析统计各输水渠段各成冰阶段的冰情时空分布,研究总结冰期输水调度的经验与规律,为南水北调中线工程的冰期调度运行、冰期灾害防治和冰期灾情预报提供技术支撑[159]。

10.1 冰期输水调度规则

京石段冰期输水的目标是在保证工程安全的前提下顺利完成输水任务,输水过程中应注重预防重点部位结冰,防治冰塞、冰坝的发生[160]。

京石段一般于 12 月~次年 3 月上旬为冰期调度,12 月下旬~次年 2 月中旬为封冻期。根据冰期成冰特点,结合京石段四次调水冰情记录及冰期调度记录可以发现,冰期调水可划分为冰期目标水位生成阶段、流冰阶段、冰盖形成阶段、冰盖下输水阶段和融冰阶段。为了顺利完成冰期输水任务,在不同的输水阶段要遵从不同的调度规则[161-162]。

(1)冰期目标水位生成阶段(达成目标水位阶段)。

经统计,该阶段一般发生时间为 12 月上旬~12 中旬。这一时期气温逐渐降低,冰期即将来临。为实现冰期的通水流量,此阶段需要调高水位,使后期成型冰盖具有一定的高度,冰盖下水流仍能满足供水需求。在此阶段,调度部门逐步调整明渠段 11 座控制闸的闸前水位,使其达到冰期目标水位。

(2)流冰阶段。

该阶段一般发生在 12 月中旬~12 月下旬。这一时期气温和水温进一步降低,水中开始出现一定浓度的冰花、冰屑、冰片、冰块。在此期间,调度部门继续保持向北京输水,但应密切注意流速、流态的变化,以保证冰盖的尽快形成。

(3)冰盖形成阶段。

该阶段一般发生在 12 月下旬~次年 1 月上旬。随着气温继续下降,总干渠由流冰逐渐形成稳定的冰盖。

（4）冰盖下输水阶段。

该阶段一般发生在次年 1 月中旬～次年 2 月中旬。这一时期已形成具有一定厚度的冰盖，冰盖稳定性好。该阶段输水流量加大到冰盖输水目标流量后，以恒定流量供水，并设法保持渠道水位基本稳定。

（5）融冰阶段。

该阶段一般发生在次年 2 月中旬～3 月上旬。随着天气转暖，冰盖逐渐融化，在此期间继续保持向北京供水。此阶段应注意调整各闸段流速，防止冰塞、冰坝的出现。

10.2　各输水渠段冰情时空分布

经统计四次通水日报，发现各次调水中各渠段的冰期发展在时间上稍有差异，同一时刻不同渠段的融冻状态呈现复合共存的状态，详见表 10.1～表 10.4。

表 10.1　第一次冰期调水阶段划分

名称	目标水位生成阶段	流冰阶段	冰盖形成阶段	冰盖下输水阶段	融冰期
磁河	12-01～12-10	12-11～12-27	12-28～01-03	01-04～02-01	02-02～02-23
沙河	12-01～12-10	12-11～12-27	12-28～01-03	01-04～02-01	02-02～02-23
唐河	12-01～12-10	12-11～12-27	12-28～01-03	01-04～02-01	02-02～02-23
放水河	12-01～12-10	12-11～12-27	12-28～01-03	01-04～02-01	02-02～02-23
蒲阳河	12-01～12-10	12-11～12-27	12-28～01-03	01-04～02-01	02-02～02-23
岗头	12-01～12-10	12-11～12-27	12-28～01-03	01-04～02-01	02-02～02-23
北易水	12-01～12-10	12-11～12-21	12-22～01-03	01-04～02-01	02-02～02-23
坟庄河	12-01～12-10	12-11～12-21	12-22～01-03	01-04～02-01	02-02～02-23
北拒马河	12-01～12-10	12-11～12-21	12-22～01-03	01-04～02-01	02-02～02-23

表 10.2　第二次冰期调水阶段划分

名称	目标水位生成阶段	流冰阶段	冰盖形成阶段	冰盖下输水阶段	融冰期
放水河	12-01～12-16	12-17～12-31	01-01～01-14	01-15～02-04	02-05～02-28
蒲阳河	12-01～12-16	12-17～12-31	01-01～01-14	01-15～02-04	02-05～02-28
岗头	12-01～12-16	12-17～12-29	12-30～01-14	01-15～02-04	02-05～02-28
北易水	12-01～12-16	12-17～12-29	12-30～01-14	01-15～02-04	02-05～02-28
坟庄河	12-01～12-16	12-17～12-29	12-30～01-14	01-15～02-04	02-05～02-28
北拒马河	12-01～12-15	12-16～12-20	12-20～01-09	01-10～02-04	02-05～02-28

表 10.3　第三次冰期调水阶段划分

名称	目标水位生成阶段	流冰阶段	冰盖形成阶段	冰盖下输水阶段	融冰期
放水河	12-01~12-20	12-21~01-29	01-30~02-02	02-03~02-10	02-11~03-01
蒲阳河	12-01~12-20	12-21~01-29	01-30~02-02	02-03~02-10	02-11~03-01
岗头	12-01~12-20	12-21~01-21	01-22~01-26	01-27~02-10	02-11~03-01
北易水	12-01~12-20	12-21~01-16	01-17~01-26	01-27~02-10	02-11~03-01
坟庄河	12-01~12-20	12-21~01-16	01-17~01-26	01-27~02-10	02-11~03-01
北拒马河	12-01~12-16	12-17~01-07	01-08~01-16	01-17~02-10	02-11~03-01

表 10.4　第四次冰期调水阶段划分

名称	目标水位生成阶段	流冰阶段	冰盖形成阶段	冰盖下输水阶段	融冰期
磁河	~	~	12-18~12-27	12-28~02-16	02-17~03-10
漠道沟	~	~	12-26~12-27	12-28~02-16	02-17~03-10
放水河	~	~	12-21~12-27	12-28~02-16	02-17~03-10
蒲阳河	~	~	12-21~12-27	12-28~02-16	02-17~03-10
岗头	~	~	12-18~12-27	12-28~02-16	02-17~03-10
北易水	~	~	12-26~12-27	12-28~02-16	02-17~03-10
坟庄河	~	~	12-27~12-27	12-28~02-16	02-17~03-10
北拒马河	~	~	12-25~12-27	12-28~02-16	02-17~03-10

　　将各闸段四次冰期调水的具体时间统计后绘于图 10.1,为后续冰期调度提供参考。

　　四次冰期调水各闸段进入冻融阶段的时间稍有差异,主要与当年的气温分布有关。经统计,四次调水各阶段的持续时间见表 10.5。

表 10.5　各阶段冰期调水持续时长

输水次序	进入流冰期	融冰结束	持续时长/d			
			流冰期	冰盖形成阶段	冰盖下输水阶段	融冰期
第一次输水	12-11	02-23	11~17	7~9	29	22
第二次输水	12-16	02-28	5~14	14~17	19	24
第三次输水	12-17	03-01	20~38	2~10	8~25	19
第四次输水	12-18	03-10	—	3~8	51	22

　　可以看出,第四次输水冰盖形成最快,冰盖下输水时间最长;第二次输水冰盖形成时间长;第三次输水流冰时间长,需严密注视冰期冰情;四次调水融冰期均需20 天左右。

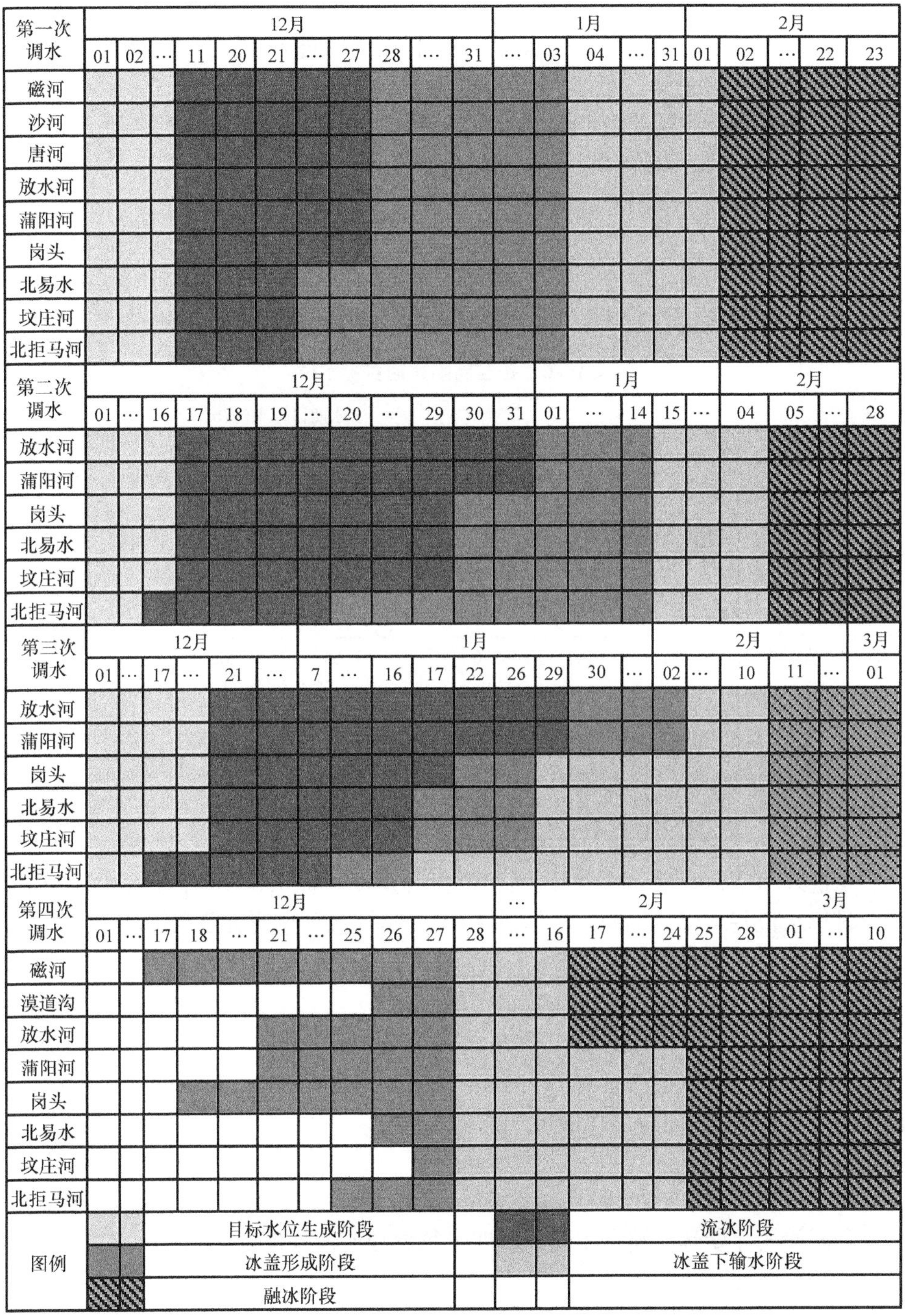

第一次调水	12月										1月				2月			
	01	02	…	11	20	21	…	27	28	…	31	…	03	04	…	31	01	02	…	22	23
磁河																					
沙河																					
唐河																					
放水河																					
蒲阳河																					
岗头																					
北易水																					
坟庄河																					
北拒马河																					

第二次调水	12月												1月				2月		
	01	…	16	17	18	19	…	20	…	29	30	31	01	…	14	15	…	04	05	…	28
放水河																					
蒲阳河																					
岗头																					
北易水																					
坟庄河																					
北拒马河																					

第三次调水	12月			1月											2月		3月
	01	…	17	…	21	…	7	…	16	17	22	26	29	30	…	02	…	10	11	…	01
放水河																					
蒲阳河																					
岗头																					
北易水																					
坟庄河																					
北拒马河																					

第四次调水	12月											…	2月					3月		
	01	…	17	18	…	21	…	25	26	27	28	…	16	17	…	24	25	28	01	…	10
磁河																					
漠道沟																					
放水河																					
蒲阳河																					
岗头																					
北易水																					
坟庄河																					
北拒马河																					

图例	目标水位生成阶段	流冰阶段
	冰盖形成阶段	冰盖下输水阶段
	融冰阶段	

图 10.1　调水时段分布图

10.3　冰期调水主要控制因素

冰期调水运行期间,为使流冰阶段、冰盖形成和冰盖下输水等流态正常运行,防止冰塞、冰坝及其他破坏性冰害发生,根据以往冰期输水经验,京石段调水需要对水流状态、水位及水流速度进行严格控制。

1. 水位

四次冰期输水运行总干渠沿线各控制闸冰期的目标水位见表10.6。

表 10.6　各控制闸冰期目标水位

编号	名称	桩号	冰期目标水位/m			
			第一次调水	第二次调水	第三次调水	第四次调水
1	磁河节制闸	31+695	73.66	73.66	73.66	73.66
2	沙河(北)节制闸	47+142	71.46	71.46	71.46	71.46
3	唐河节制闸	75+929	69.61	69.61	69.61	69.61
4	放水河节制闸	101+626	68.05	69.24	69.24	69.24
5	蒲阳河节制闸	114+824	67.00	67.00	67.14	67.14
6	岗头节制闸	141+922	65.72	65.20	65.30	65.30
7	北易水节制闸	187+392	62.84	62.55	62.55	62.55
8	坟庄河节制闸	202+097	61.20	61.30	61.36	61.36
9	北拒马河节制闸	227+470	60.30	60.30	60.30	60.30

在进入冰期运行前,必须把沿程水位抬升至此目标水位;在冰期输水运行中,使此目标水位基本保持不变。根据供水计划内容,总干渠明渠段水位从12月上旬开始将逐步抬升至冰期目标水位。

2. 流量

由于冰期入总干渠流量为 $11\sim15\text{m}^3/\text{s}$,北京实际受水流量为 $8\sim14\text{m}^3/\text{s}$。目标流量需要在进入冰期前调整到位,并保持不变。

3. 流态

各渠段的冰期运行流态主要通过弗劳德数和流速来控制。
弗劳德数计算公式如下:

$$Fr=\frac{v}{\sqrt{gh}} \tag{10.1}$$

式中,Fr 为弗劳德数,v 为流速(m/s);h 为水深(m);g 取 9.8m/s² 。

流速计算公式如下:

$$v = \frac{Q}{A} \tag{10.2}$$

式中,v 为流速(m/s);Q 为渠段内流量(m³/s);A 为过水面积(m²)。

渠道水流流速一般控制在 0.3m/s 以下;渠道内水流的弗劳德数控制在 0.06 以下,其中建筑物进口收缩断面的弗劳德数控制在 0.08 以下;渠道水深控制在 2m 以上;倒虹吸进口与临时埋管进口淹没深度在 0.2m 以上。

10.4 冰期调度规律分析研究

10.4.1 流冰阶段

进入冰期后,渠道内逐步产生冰花、冰屑、冰片、冰块等流冰,流冰漂浮于水上,少量的流冰对建筑物及渠道的输水能力影响较小,当水内流冰达到一定密度时,极易在闸墩、涵洞入口、渡槽入口、倒虹吸入口等交叉建筑物,以及狭窄渠段及转弯处堆积下潜,使得过水断面减小,水位抬高,甚至形成冰塞,危及渠道输水安全。因此流冰期不仅要为冰盖形成创造条件,还要防止冰塞和危害渠道及其建筑物的一切危害。

1. 流态

流冰输水对工程安全不利,应通过人工干扰措施尽量缩短流冰期的时间,控制水流含冰量,防止危险事故发生,并尽快进入冰盖下输水阶段。此阶段流态控制主要要求低流速、目标水位运行,同时流量满足需水要求。将四次流冰期调水过程中的流速、弗劳德数分别计算后统计出最大值,见表 10.7。

表 10.7 流冰期四次输水流态统计表

节制闸	第一次输水		第二次输水		第三次输水		第四次输水	
	最大流速/(m/s)	最大 Fr	最大流速/(m/s)	最大 Fr	最大流速/(m/s)	最大 Fr	最大流速/(m/s)	最大 Fr
磁河	0.046	0.006					—	—
沙河	0.056	0.007					—	—
唐河	0.065	0.009					—	—
放水河	0.205	0.039	0.176	0.029	0.196	0.031	—	—
蒲阳河	0.075	0.010	0.099	0.014	0.079	0.011	—	—

节制闸	第一次输水		第二次输水		第三次输水		第四次输水	
	最大流速/(m/s)	最大Fr	最大流速/(m/s)	最大Fr	最大流速/(m/s)	最大Fr	最大流速/(m/s)	最大Fr
岗头	0.065	0.009	0.234	0.035	0.095	0.014	—	—
北易水	0.059	0.007	0.082	0.011	0.077	0.009	—	—
坟庄河	0.081	0.011	0.088	0.012	0.102	0.014	—	—
北拒马河	0.221	0.036	0.280	0.049	0.353	0.059	—	—
最大值	0.221	0.039	0.280	0.049	0.353	0.059		

从表 10.7 可以看出，各次输水过程中北拒马河的流速最大，其中第三次输水中达到 0.353m/s，其余均小于 0.3m/s，弗劳德数均小于 0.06，大部分闸段的弗劳德数小于 0.03，很好地满足了控制条件的要求。

2. 水位流速

结合通水日报，本章对四次流冰期通水数据进行了统计整理，由于观测数据较多，本次统计以日为时间单位，每日各特征变量采用早上 08：00 的观测值。统计后发现，第四次输水日报对流冰期记录较少，未能准确划分出流冰期的时间，因此流冰阶段未分析第四次输水变量特征。经统计，前三次输水闸前水位变化情况如表 10.8 所示。

表 10.8　流冰阶段闸前水位偏离目标最大幅度统计表　　　（单位：m）

节制闸	目标水位	偏离目标水位最大幅度			
		第一次输水	第二次输水	第三次输水	第四次输水
磁河	73.660	−0.205			—
沙河	71.460	−0.193			—
唐河	69.610	0.152			—
放水河	69.240	0.172	−0.510	0.131	
蒲阳河	67.000	0.158	−0.165	0.291	
岗头	65.720	−0.140	−0.110	0.070	
北易水	62.840	0.120	−1.370	0.060	
坟庄河	61.200	−0.264	−0.420	0.051	
北拒马河	60.300	−0.344	−0.506	−0.056	
最大值		−0.344	−1.370	0.291	

注："—"代表闸前水位低于目标水位。

从表 10.8 可以看出,流冰期三次输水各闸门的闸前水位偏离目标水位大部分均在 0.3m 范围内,第二次输水的放水河闸闸前水位曾低于目标值 0.51m,北易水闸闸前水位曾低于目标值 1.37m,主要与流冰阶段初期水位抬升不足有关。随着调水次数的增多和调水经验的逐渐丰富,第三次流冰期调水过程中的水位变幅总体明显变小,除蒲阳河、放水河外,其余闸段水位变幅均未超过 7cm。

由于京石段输水渠道较长、渠段较多,流冰阶段的出现时间稍有差异,有从南向北随气温变化的特点,位于上游的放水河闸段进入流冰阶段时间较晚,位于下游闸段的北拒马河进入流冰阶段时间较早,且各闸段各年进入流冰期的时间各有不同。为准确说明该阶段各闸段的特征变量变化特点,选取四次均参与调水的上下游代表闸段——放水河闸段和北拒马河闸段的水位流量进行分析,见图 10.2～图 10.5。

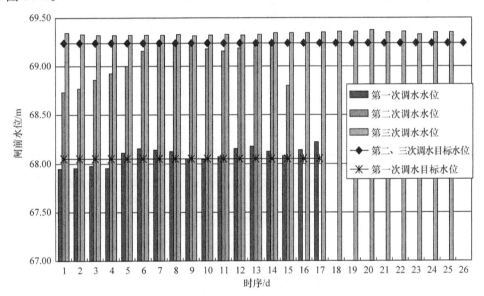

图 10.2　放水河闸段流冰期闸前水位变动情况

从表 10.6～表 10.8、图 10.2～图 10.5 可以看出,流冰期典型闸门的水位和流速是波动变化的。水位波动范围在目标水位±0.5m 范围内。第一次输水和第二次输水的部分渠段水位变化幅度比较大,第三次输水的水位比较平稳。前两次调水水位变幅大主要是由于起调水位距目标水位差距较大,流冰期初期水位尚未调整至目标水位。第三次输水时水位略高于目标水位,但每日水位变化幅度比较小,整体趋势比较平稳。

由流速变动情况可以发现,位于上游的放水河流速较低、波动幅度较小,位于下游的北拒马河闸段流速相对较高,三次调水流速均高于 0.3m/s(控制流速),但所在范围仍属于安全范围。

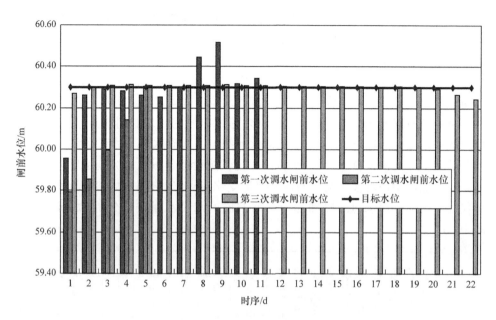

图 10.3　北拒马河闸段流冰期闸前水位变动情况

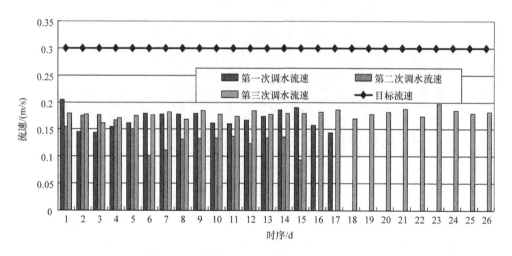

图 10.4　放水河闸段流冰期流速变动情况

由以上统计可以看出,流冰期闸前的水流速度整体处于低速状态,且变化幅度较小,尤其是流冰期初期更为明显;流冰期后期,冰盖已基本形成,流速有提升的趋势。

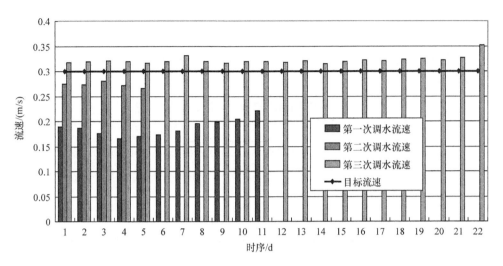

图 10.5　北拒马河闸段流冰期流速变动情况

10.4.2　冰盖形成阶段

当日平均气温持续在 0℃以下,水面则会形成大面积流凌,此时可以通过控制渠道水力学条件形成稳定冰盖。根据冰盖形成过程中的动力要素,一般可将冰盖分为静水形成冰盖和动水形成冰盖两种。京石段临时通水工程具有水位高、断面大、流速低等特点,调度中采用动水形成冰盖方式。一般在寒潮到来期间,控制渠道内水流速度,使其满足结冰要求,流冰就会在拦冰索前堆积且不下潜,拦冰索前的渠道断面首先生成冰盖,并逐渐向上游推进,形成稳定的具有一定厚度的冰盖。

1. 京石段冰盖形成阶段调水控制条件

结合京石段工程具体情况,京石段动水形成冰盖期间水流控制以控制水深、流速流态为主,控制条件为:

(1) 输水渠道最小水深大于 2m;

(2) 渠道输水流速不大于 0.3m/s;

(3) 渠道水流弗劳德数不大于 0.06;

(4) 保持渠道已形成冰盖的水面稳定,防止冰盖形成过程中水流顶托冰盖或脱空造成冰盖破裂。

在冰盖形成过程中,输水运行调度仍按闸前常水位控制,当闸下水位发生变化时,通过调整闸门开度保持输水流量和节制闸上游水位不变。形成冰盖期间,应尽量控制进、出流量不变。若必须加大输水流量,待冰盖厚度达到 15cm 以上后,可将输水流量缓慢加大,增加流量每天不能超过 2m³/s。

2. 流态

已有研究发现,冰盖前缘的水流弗劳德数决定了渠道冰盖的推进模式,其关系见表 10.9。

表 10.9 不同水流弗劳德数条件下冰盖的推进

弗劳德数	冰盖推进模式	现象
$Fr < Fr_1$	平封	初始冰盖薄,冰盖光滑,初始糙率较小,渠道封冻速度相对较快
$Fr_1 < Fr < Fr_2$	立封	初始冰盖较厚,冰盖下表面不光滑,初始糙率较大,渠道封冻速度相对较慢
$Fr > Fr_2$	冰盖停止发展	顺流而下的冰花在冰盖前缘下潜,顺水流向下游输移,冰盖停止向上游发展。这种情况下冰盖会激增,大量的冰盖下潜极可能形成冰塞

注:Fr_1、Fr_2 分别为第一和第二临界弗劳德数,是反映冰盖推进模式的临界参数。

可见,在冰盖形成阶段,各渠段水流弗劳德数应小于流冰完全下潜的临界值,即第二临界弗劳德数 Fr_2。刘家峡、盐锅峡河段的原型观测结果表明,冰盖停止发展的临界弗劳德数为 0.09,引黄济青工程规定渠道冰期输水过程中水流的弗劳德数应小于 0.08,京密引水工程将弗劳德数小于 0.09 作为渠道冰期运行的控制条件之一。本次研究的京石段在冰盖形成过程中控制弗劳德数小于 0.06,从冰期调度的角度来讲,会更为安全,冰盖形成时间更短。

表 10.10 冰盖形成阶段四次输水流态统计表

节制闸	第一次输水		第二次输水		第三次输水		第四次输水	
	最大流速/(m/s)	最大 Fr	最大流速/(m/s)	最大 Fr	最大流速/(m/s)	最大 Fr	最大流速/(m/s)	最大 Fr
磁河							0.024	0.0029
沙河	0.051	0.0065						
唐河	0.059	0.0077						
放水河	0.170	0.0308	0.142	0.0225	0.193	0.0302	0.060	0.0093
蒲阳河	0.066	0.0089	0.087	0.0120	0.076	0.0102		
岗头	0.059	0.0082	0.175	0.0260	0.096	0.0141	0.024	0.0036
北易水	0.050	0.0060	0.073	0.0090	0.075	0.0092	0.046	0.0056
坟庄河	0.067	0.0091	0.084	0.0113	0.099	0.0132	0.069	0.0092
北拒马河	0.221	0.0369	0.309	0.0510	0.350	0.0582	0.211	0.0352
最大值	0.221	0.0369	0.309	0.0510	0.350	0.0582	0.221	0.0352

从表 10.10 可以看出,冰盖形成阶段的各次输水过程中位于下游段的北拒马河的流速最大,其中第三次输水中达到 0.350m/s,其余闸段均小于 0.3m/s,弗劳德数均小于 0.06,很好地满足了流态控制要求。

3. 水位

实际运行期间,冰盖厚度、冰盖糙率均在不断变化,因此,即使控制闸门开度不变、输水流量不变,闸前和闸后的水位仍会有一定的浮动。引黄济青工程冬季冰盖下输水调度时,水位按目标水位控制,且明确要求水位上浮不超过 10cm,下浮不超过 5cm。京石段冰期冰盖形成阶段的调水水位控制与其相同,调度过程中,密切关注每日 10:00 与 17:00 的水位变化,通过闸门适当调节,保持上游水位和过闸流量基本稳定。

表 10.11　冰盖形成阶段闸前水位偏离目标最大幅度统计表　　（单位:m）

节制闸	目标水位	与目标水位差值			
		第一次输水	第二次输水	第三次输水	第四次输水
磁河	73.660	0.205			
沙河	71.460	0.277			
唐河	69.610	0.222			
放水河	69.240	0.222	0.040	0.131	0.181
蒲阳河	67.000	0.316	0.135	0.251	0.161
岗头	65.720	0.090	0.040	0.030	0.060
北易水	62.840	0.270	−0.220	−0.050	0.040
坎庄河	61.200	0.146	0.070	0.046	0.006
北拒马河	60.300	0.096	−0.221	−0.081	−0.076
最大值		0.316	−0.221	0.251	0.181

注:"—"代表闸前水位小于目标水位。

从表 10.11 可以看出,四次输水各闸门的闸前水位偏离目标水位大部分均在 0.2m 范围内,蒲阳河闸前水位普遍较高,在以后的调度过程中,建议密切关注蒲阳河水位变动情况。纵观四次调水数据,第四次冰盖输水的水位震荡最为平缓,除放水河其余各闸门水位变幅均有变小趋势。

选取放水河闸段和北拒马河闸段闸前水位具体分析,两闸段冰盖形成阶段水位变动图详见图 10.6、图 10.7。

放水河闸段位于输水干渠上游段,受气温影响其冰盖形成时间一般比下游闸段时间长,冰盖形成期输水渠道最小水深均大于 2m。对比四次调水数据可以发现,第二次调水冰盖形成时间最长,第三次调水冰盖形成时间最短,其余两次冰盖

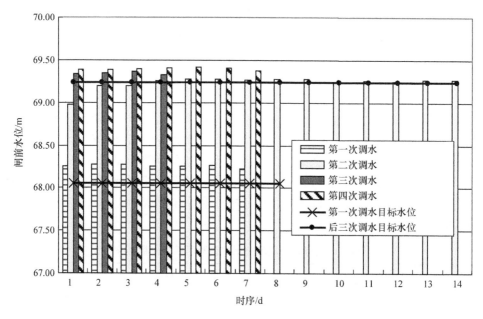

图 10.6　放水河闸段冰盖形成阶段水位变动图

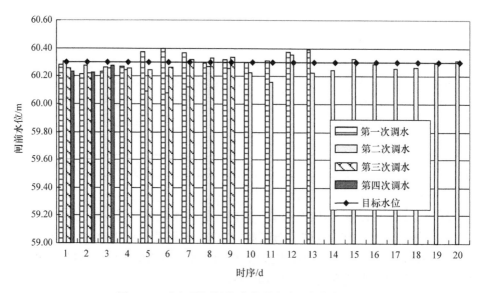

图 10.7　北拒马河闸段冰盖形成阶段水位变动图

形成时间次之。除第二次调水,在冰盖形成期放水河闸前水位一直处于超目标水位状态,超过最大幅度分别为第一次调水超 0.222m,第三次调水超 0.131m,第四次调水超 0.181m,第二次调水闸前水位处于振荡状态,最大振幅 0.26m,可以看出,放水河闸段后两次调水水位振幅最小。四次调水中闸前水位振幅均未满足控制要求(在冰期目标水位控制的基础上,水位上浮不超过 10cm,下浮不超过 5cm),冰盖形成期水位的控制非常复杂,有待于进一步的探索。

第四次冰期调水中北拒马河闸段冰盖形成时间最短,第三次冰期调水时间次之,冰盖形成时间短,一方面受当年低气温影响,一方面与低流速、低弗劳德数有关,即与调度控制有关。第二次调水冰盖形成时间最长,且其水位变动幅度最大,水位变动过于频繁,不利于冰盖形成。总体来看,在冰盖形成时期,闸前水位变动非常小,在目标水位附近振荡,上浮幅度未超过 10cm,下浮幅度大多数时间小于5cm,仅第二次调水中个别时序下浮较大。

4. 流速

1989～1991 年冬季,北京市水利科学研究所对京密引水渠开展了冰期输水观测,发现当流速小于 0.6m/s 时,上游产生的薄冰片漂浮于水面,且于交叉建筑物处不入潜,而是停滞在冰盖前缘呈叠瓦状堆积,冰面堆积到一定的厚度后,逐渐向上游发展,形成冰盖。分析认为,在结冰期渠道内的断面平均流速应控制在 0.6m/s,以避免冰盖前缘冰花下潜并向下游输移。京石段动水形成冰盖期间控制水流流速为0.3m/s,取值较为安全。两闸段冰盖形成阶段流速变动图见图 10.8、图 10.9。

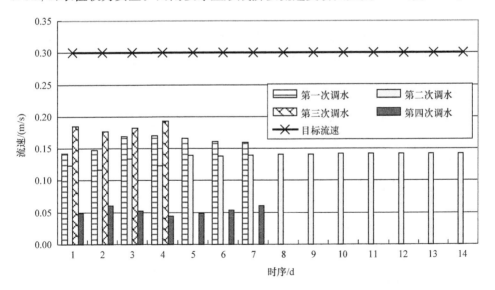

图 10.8　放水河闸段冰盖形成阶段流速变动图

由以上实测流速变动图可以看出,放水河闸段流速一直处于低速状态,四次调水流速均小于 0.2m/s,北拒马河闸段的第三次调水流速超过目标流速,控制流速在0.35m/s 范围内,其余三次调水流速均控制在 0.3m/s 范围内,对形成冰盖较为有利。

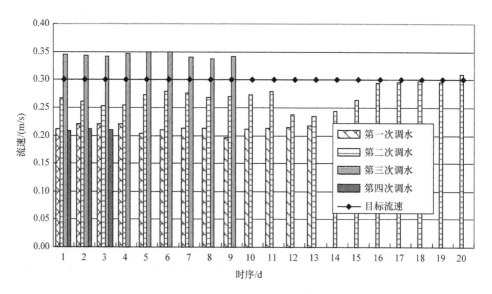

图 10.9　北拒马河闸段冰盖形成阶段流速变动图

10.4.3　冰盖下输水阶段

冰盖形成后,渠道过水面积减小,湿周增大,水力半径减小,加之冰盖底面糙率的影响,水流所受阻力较封冻前成倍增加,致使渠道过流能力减小,如果控制不当,极有可能导致水位骤升、水流漫溢,甚至引发冰塞、冰坝,损毁水工建筑物等灾害。

1. 流态

冰盖的稳定性是冰盖下安全输水的前提,因此该阶段输水不容许有剧烈的流量与水位波动,以免使冰盖破损造成冰塞、冰坝等冰害。在冰盖形成且输水流量加大到冰盖输水目标流量后,应以恒定流量供水,并设法控制水流流态。冰盖下输水过程中的水流流态见表 10.12。

表 10.12　冰盖下输水阶段四次输水流态统计表

节制闸	第一次输水		第二次输水		第三次输水		第四次输水	
	最大流速/(m/s)	最大 Fr	最大流速/(m/s)	最大 Fr	最大流速/(m/s)	最大 Fr	最大流速/(m/s)	最大 Fr
磁河								
沙河	0.052	0.0066						
唐河	0.060	0.0079						
放水河	0.178	0.0330	0.154	0.0244	0.349	0.0582	0.082	0.0128

续表

节制闸	第一次输水		第二次输水		第三次输水		第四次输水	
	最大流速 /(m/s)	最大 Fr	最大流速 /(m/s)	最大 Fr	最大流速 /(m/s)	最大 Fr	最大流速 /(m/s)	最大 Fr
蒲阳河	0.065	0.0087	0.095	0.0131	0.081	0.0109	0.017	0.0023
岗头	0.059	0.0083	0.191	0.0283	0.096	0.0141	0.041	0.0059
北易水	0.051	0.0061	0.076	0.0092	0.078	0.0096	0.051	0.0062
坟庄河	0.068	0.0091	0.084	0.0112	0.102	0.0136	0.081	0.0108
北拒马河	0.233	0.0384	0.324	0.0535	0.351	0.0587	0.249	0.0413
最大值	0.233	0.0384	0.324	0.0535	0.351	0.0587	0.249	0.0413

可以看出,各次输水过程中北拒马河的流速最大,最大流速为 0.351m/s,其余闸段均小于 0.3m/s,弗劳德数整体较小,均小于 0.06,能很好地满足控制条件要求。

2. 水位

在冰盖形成且输水流量加大到冰盖输水目标流量后,应以恒定流量供水,并设法保持渠道水位基本稳定。冰盖下输水数据见表 10.13。

表 10.13 冰盖形成阶段闸前水位偏离目标最大幅度统计表 （单位:m）

节制闸	目标水位	与目标水位差值			
		第一次输水	第二次输水	第三次输水	第四次输水
磁河	73.660	0.155			
沙河	71.460	0.257			
唐河	69.610	0.212			
放水河	69.240	0.162	0.040	0.061	0.181
蒲阳河	67.000	0.286	0.095	0.221	0.101
岗头	65.720	0.120	0.080	0.070	0.120
北易水	62.840	0.080	0.050	−0.080	0.150
坟庄河	61.200	0.126	0.070	0.081	0.071
北拒马河	60.300	−0.074	−0.071	−0.081	−0.051
最大值		0.286	0.095	0.221	0.181

注:"−"代表闸前水位低于目标水位。

从表 10.13 可以看出,四次输水各闸门的闸前水位偏离目标水位大部分在

0.2m 范围内,前三次调水最大偏离值均发生在蒲阳河。

选取放水河闸段和北拒马河闸段闸前水位具体分析,两闸段冰盖形成阶段水位变动图见图 10.10、图 10.11。

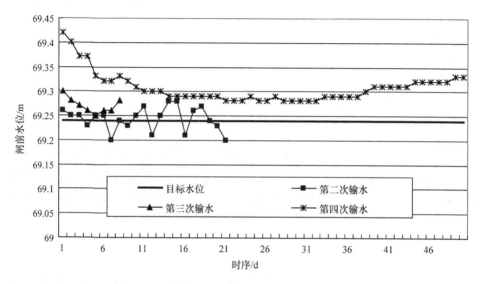

图 10.10 放水河闸段冰盖下输水阶段水位变动图

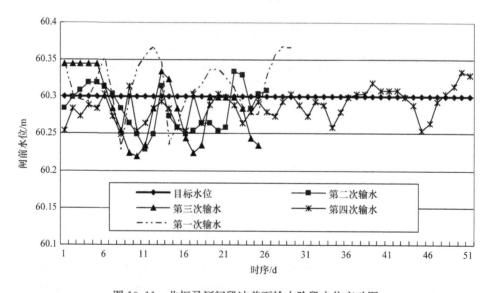

图 10.11 北拒马河闸段冰盖下输水阶段水位变动图

放水河闸段第四次输水的冰盖下输水历时较长,充分发挥了冰下输水的作用,第三次冰盖下输水历时较短,主要因为当年气温较高,进入流冰阶段的时间较晚。

四次调水冰盖下输水阶段的闸前水位变动较小,大部分时间水位变动偏离目标水位不超过 5cm,仅第四次调水初入该阶段时闸前水位较高,为 0.181m,后续逐步调稳。

从图 10.11 可以看出,北拒马河闸段冰盖下输水阶段水位变化是振荡的,但趋势逐渐平缓。可以看出,四次冰期输水北拒马河渠段闸前水位偏离目标水位的幅度大部分在 5cm 范围内,前三次输水部分时序水位振幅超过 5cm,在 10cm 范围内。

3. 流速

对放水河闸段和北拒马河闸段流速变动情况进行分析,两闸段冰盖形成阶段流速变动图见图 10.12、图 10.13。

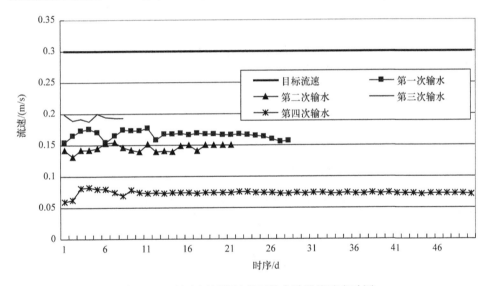

图 10.12　放水河闸段冰盖下输水阶段流速变动图

由以上实测流速变动图可以看出,放水河闸段流速一直处于低速状态,四次输水流速均小于 0.2m/s,北拒马河闸段的第二次、第三次调水流速超过目标流速,控制流速在 0.35m/s 范围内,其余两次调水流速均控制在 0.3m/s 范围内,满足冰期输水控制条件。

10.4.4　融冰阶段

融冰阶段时间较长,由于天气原因,上游渠段首先进入融冰阶段,而下游渠段进入融冰阶段较晚。进入融冰阶段后,入总干渠流量应保持冰盖输水流量不变,各渠道融冰增加的水量应通过调节控制闸闸门开度往下游渠段输送。各控制闸闸前

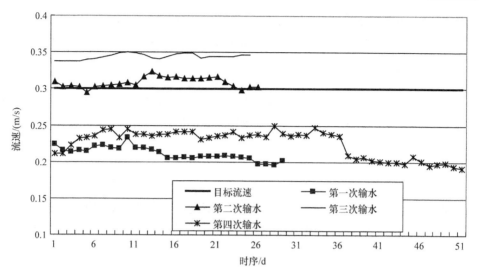

图 10.13　北拒马河闸段冰盖下输水阶段流速变动图

水位基本控制在冰期目标水位，并缓慢向非冰期水位转换。在此阶段为预防万一，各退水闸应做好退水准备。

1. 流速流态

融冰阶段水流流态见表 10.14。

表 10.14　融冰阶段四次输水流态统计表

节制闸	第一次输水		第二次输水		第三次输水		第四次输水	
	最大流速/(m/s)	最大 Fr	最大流速/(m/s)	最大 Fr	最大流速/(m/s)	最大 Fr	最大流速/(m/s)	最大 Fr
磁河							0.024	0.0029
沙河	0.050	0.0065						
唐河	0.057	0.0076						
放水河	0.173	0.0325	0.155	0.0380	0.193	0.0302	0.077	0.0121
蒲阳河	0.064	0.0087	0.100	0.0136	0.115	0.0152	0.017	0.0024
岗头	0.060	0.0084	0.210	0.0311	0.093	0.0138	0.039	0.0057
北易水	0.051	0.0061	0.086	0.0105	0.079	0.0097	0.052	0.0063
坟庄河	0.070	0.0095	0.087	0.0115	0.104	0.0138	0.069	0.0091
北拒马河	0.215	0.0355	0.332	0.0547	0.351	0.0582	0.343	0.0567
最大值	0.215	0.0355	0.332	0.0547	0.351	0.0582	0.343	0.0567

可以看出,各次输水过程中北拒马河的流速最大,最大流速为 0.351m/s,其余闸段均小于 0.3m/s,弗劳德数整体较小,均小于 0.06,能很好地满足控制条件要求。

2. 水位

经统计融冰阶段的闸前水位偏离目标水位的情况,见表 10.15。

表 10.15　融冰阶段闸前水位偏离目标最大幅度统计表　　（单位:m）

节制闸	目标水位	偏离目标水位最大幅度			
		第一次输水	第二次输水	第三次输水	第四次输水
磁河	73.660	−0.175			
沙河	71.460	0.137			
唐河	69.610	0.112			
放水河	69.240	0.122	−0.190	0.181	0.171
蒲阳河	67.000	0.196	−0.245	0.391	0.121
岗头	65.720	0.070	0.060	0.170	0.260
北易水	62.840	0.050	−0.100	0.140	0.130
坟庄河	61.200	0.096	0.170	0.181	0.201
北拒马河	60.300	0.096	0.154	−0.101	0.084
最大值		0.196	−0.245	0.391	0.260

注:"—"代表闸前水位低于目标水位。

可以看出,融冰期各闸段闸前水位偏离目标水位的幅度有增大的趋势。在该阶段,前三次调水最大偏离值仍发生在蒲阳河。

10.5　本 章 小 结

正确的冰期输水调度方式是工程冰期输水运行安全的重要保障,本章根据京石段四次调水冰情记录及冰期调度记录,对京石段输水工程的流冰阶段、冰盖形成阶段、冰盖下输水阶段和融冰阶段进行了详细分析,可得到以下结论。

（1）京石段经过四次冰期输水,未发生严重的冰塞冰坝及其他冰冻灾害,说明这四次冰期输水调度方法是合理可行的。

（2）冰期目标水位生成阶段一般发生时间为 12 月上旬～12 月中旬,这一时期气温逐渐降低,冰期即将来临;流冰阶段一般发生在 12 月中旬～12 月下旬,这一时期气温和水温进一步降低,水中开始出现一定浓度的冰花、冰屑、冰片、冰块;冰盖形成阶段一般发生在 12 月下旬～次年 1 月上旬;冰盖下输水阶段一般发生在次年1月中旬～次年2月中旬;融冰阶段一般发生在次年2月中旬～3月上旬。

(3) 四次冰期输水的流速、流态基本上满足控制条件,水位偏离目标水位的幅度未能很好地控制在控制目标(10cm)范围内,但大多数时间能控制在20cm范围内,偶有个别超过20cm的情况,尤其是流冰期初期闸前水位距目标水位差距一般较大。因此,在今后的冰期输水调度过程中,水位偏离目标水位要控制在20cm以内,流速均控制在0.3m/s以内,弗劳德数应小于0.06。

(4) 整体来说,四次冰期输水以第四次最为理想,其冰盖形成时间短,冰盖下输水历时长,水位变幅小。第二次输水冰盖形成时间长,水位变幅大,第三次输水流冰阶段较长,这两种情况均易产生冰害。四次调水融冰期均需20天左右。

(5) 四次冰期调水过程中,蒲阳河闸前水位均偏离目标水位较高,在以后的调度过程中,建议密切关注蒲阳河水位变动情况。

第11章 退水阶段规律分析

京石段正常供水结束后,虽然水库停止放水,但总干渠中存蓄有余水量,这些水量继续向北京输送。随着渠道水位的下降,进入北京的流量逐渐减少,退水速度减缓。因此,根据历史调度数据分析研究退水阶段运行规律,制订合理的退水方案,以适应北京市对流量需求逐步减小的变化,不但可以减少水资源的浪费,对保障渠道与建筑物的安全也是非常必要的。

首先根据三次通水调度数据,确定每次通水过程的退水阶段;然后根据退水阶段调度数据,总结退水阶段调度策略;最后根据历史数据,总结分析调度中闸门下调的规律(包括调节的顺序、调整的频次、下调的幅度等)及入京流量变化的趋势等。

11.1 退水阶段调度原则

(1)流量变化尽可能与北京市需水流量一致。进入退水阶段后,北京市的需水流量是一个逐渐减小的过程,渠道中余水在继续供向北京市的过程中流量也会逐渐减小,研究退水阶段的调度就是要确定一个合理的操作方案,使水库停止供水后渠道中的余水量正好能满足北京市在退水阶段的需水要求,并且退水流量的变化尽可能与北京需水流量变化一致,这样才能使宝贵的水资源得到充分的利用而不发生浪费。

(2)水位降幅不能过快,以保证工程运行安全。退水前期,由于蓄水量较多,利用渠道蓄水可能继续维持北京的流量需求,但随着水位降低,水位会越降越快,需要适时地下调沿线各节制闸门,以满足降幅约束要求。《京石段工程 2008 年临时通水运行实施方案》制定的正常运行时的约束条件为:水位的降落速度不能突破设计允许值,因为过快的水位降落可能导致渠道边坡失稳破坏,应按每天水位降幅不大于 0.3m 考虑。

11.2 三次通水退水情况

11.2.1 第一次退水

第一次退水时间是从 2009 年 7 月 26 日开始到 2009 年 8 月 19 日结束,总历时 582h。

（1）通过选取退水阶段各闸门 00:00 到次日 00:00 的水位数据,计算出退水阶段每日各个闸门水位变化量如表 11.1 所示。

表 11.1　闸前水位变化量　　　　　　　　　　　　　（单位:m）

时间	唐河	放水河	蒲阳河	岗头	北易水	坟庄河	北拒马河
2009-07-26	0.09	0.13	0.1	0.08	0.09	0.03	−0.029
2009-07-27	0.13	0.28	0.17	0.23	0.28	0.14	0.052
2009-07-28	0.07	0.14	0.24	0.24	0.15	0.15	0.111
2009-07-29	0.16	0.14	0.09	0.31	0.21	0.11	0.026
2009-07-30	0.18	0.14	0.16	0.15	0.38	0.15	0.071
2009-07-31	0.24	0.16	0.24	0.08	−0.06	−0.12	−0.159
2009-08-01	0.25	0.24	0.18	0.14	−0.2	−0.16	−0.091
2009-08-02	0.26	0.33	0.27	0.2	−0.11	0.06	0.039
2009-08-03	0.15	0.23	0.35	0.15	−0.12	0.05	0.003
2009-08-04	0.11	0.23	0.19	0.22	−0.15	−0.12	0.01
2009-08-05	0.19	0.03	0.22	0.27	−0.36	−0.47	−0.042
2009-08-06	0.142	0	0.13	−0.16	−0.27	−0.29	−0.031
2009-08-07	0.03	0.04	0.02	−0.14	0.01	0.05	0.054
2009-08-08				0.18	0.21	0.12	0.045
2009-08-09				0.16	0.23	0.28	0.172
2009-08-10				0.29	0.27	0.21	0.088
2009-08-11				0.26	0.28	0.26	0.162
2009-08-12				0.38	0.41	0.33	0.218
2009-08-13				0.1	0.28	0.43	0.305
2009-08-14				0.620	0.31	0.26	0.224
2009-08-15					0.38	0.41	0.39
2009-08-16					0.27	0.39	0.384
2009-08-17						0.37	0.386
2009-08-18							0.312
2009-08-19							0.345

注:表中正数表示下降幅度,负数表示上涨幅度。

通过表 11.1 可以看出,个别闸门闸前水位存在每天降幅超过 0.3m 的情况,不过对工程安全没有造成影响。

（2）参与退水阶段调度的各个闸门情况如表 11.2 所示。

表 11.2　各个闸门参与调度历时

闸门	开始时间	结束时间	历时/h
唐河	2009-07-26 12:00	2009-08-06 12:00	264
放水河	2009-07-26 12:00	2009-08-07 20:00	296
蒲阳河	2009-07-26 12:00	2009-08-07 20:00	296
岗头	2009-07-26 12:00	2009-08-14 08:00	452
北易水	2009-07-26 12:00	2009-08-19 18:00	582.00
坟庄河	2009-07-26 12:00	2009-08-18 12:00	552.00
北拒马河	2009-07-26 12:00	2009-08-19 18:00	582.00

调度顺序依次为：唐河、放水河、蒲阳河、岗头、坟庄河、北拒马河、北易水，其中北易水闸门从 2009 年 8 月 16 日 20:00 开始到通水结束，关闭节制闸并开启退水闸，向总干渠外弃水。

（3）各个闸门开度情况和闸门调节次数如表 11.3 所示。

表 11.3　各个闸门开度情况和闸门调节次数

节制闸	时间	开度/m	闸前水位/m	闸后水位/m	调节次数
唐河	2009-07-26 12:00	0.05	68.212	67.430	
	2009-07-27 18:00	0.02	68.022	67.040	
	2009-08-05 12:00	0.03	66.472	66.220	14
	2009-08-06 12:00	全开	66.210	66.210	
放水河	2009-07-26 12:00	0.08	67.442	66.723	
	2009-07-27 18:00	0.04	67.062	66.563	
	2009-08-07 12:00	0.06	65.352	不详	8
	2009-08-07 20:00	全开	不详	不详	
蒲阳河	2009-07-26 12:00	0.070	66.666	65.341	
	2009-07-28 18:00	0.030	66.166	64.841	
	2009-08-04 04:00	0.060	64.856	64.591	10
	2009-08-07 20:00	全开	不详	不详	
岗头	2009-07-26 12:00	0.06	65.260	62.560	
	2009-08-06 16:00	0	63.260	62.460	25
	2009-08-14 08:00	0.02	61.500	61.240	

节制闸	时间	开度/m	闸前水位/m	闸后水位/m	调节次数
北易水	2009-07-26 12:00	0.21	62.330	61.130	30
	2009-08-06 16:00	0	62.460	61.650	
	2009-08-08 20:00	0.11	62.310	61.400	
	2009-08-16 20:00	0,退水闸0.04	59.850	58.950	
坟庄河	2009-07-26 12:00	0.29	60.966	60.433	40
	2009-08-07 00:00	0	61.436	60.413	
	2009-08-10 16:00	0.15	60.916	60.043	
	2009-08-18 00:00	0.01	58.196	57.983	
	2009-08-18 12:00	全开	不详	58.013	
北拒马河	2009-07-26 12:00	0.23	60.286	59.425	42
	2009-07-31 20:00	0	60.162	58.555	
	2009-08-14 16:00	0.12	59.142	58.525	
	2009-08-19 12:00	0.06	57.356	57.075	
	2009-08-19 18:00	全开	57.235	57.235	

（4）入京流量变化的趋势如图 11.1 所示。

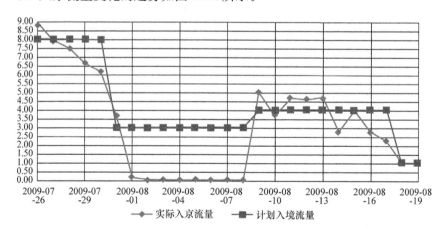

图 11.1　第一次调水退水阶段入京流量变化趋势图

由图 11.1 可以看出，实际入京流量变化趋势与计划流量变化趋势有出入。

11.2.2　第二次退水

第二次退水时间是从 2011 年 4 月 28 日开始到 2011 年 5 月 8 日结束，总历时 244h。

（1）通过选取退水阶段各闸门 0：00 到次日 0：00 的水位数据，计算出退水阶段每日各个闸门水位变化如表 11.4 所示。

表 11.4　闸前水位变化量　　　　　　　　（单位：m）

时间	北易水	坟庄河	北拒马河
2011-04-28	−0.01	−0.02	−0.015
2011-04-29	0.36	0.37	0.285
2011-04-30	0.37	0.34	0.26
2011-05-01	0.3	0.28	0.31
2011-05-02	0.27	0.41	0.34
2011-05-03	0.36	0.26	0.24
2011-05-04	0.29	0.27	0.36
2011-05-05	0.36	0.33	0.25
2011-05-06	0.34	0.29	0.49
2011-05-07	0.47	0.3	0.42
2011-05-08	0.38	0.12	0.08
2011-05-09	0.1		

注：表中正数表示下降幅度，负数表示上涨幅度。

通过表 11.4 发现，各个闸门闸前水位均存在每天降幅超过 0.3m 的情况，不过对工程安全也没有造成危险。

（2）参与退水阶段调度的各个闸门情况如表 11.5 所示。

表 11.5　各个闸门参与调度历时

闸门	开始时间	结束时间	历时/h
北易水	2011-04-28 12：00	2011-05-09 14：00	266.00
坟庄河	2011-04-28 12：00	2011-05-08 10：00	238.00
北拒马河	2011-04-28 12：00	2011-05-08 10：00	238.00

调度顺序依次为：坟庄河、北拒马河、北易水。

（3）各个闸门开度情况和闸门调节次数如表 11.6 所示。

表 11.6　各个闸门开度情况和闸门调节次数

节制闸	时间	开度/m	闸前水位/m	闸后水位/m	调节次数
北易水	2011-04-28 12:00	0.180	62.300	60.970	
	2011-04-29 12:00	0.040	62.150	60.840	
	2011-04-29 20:00	0.070	62.040	60.690	23
	2011-05-08 14:00	0.060	59.040	58.840	
	2011-05-08 16:00	全开	58.830	58.830	
坟庄河	2011-04-28 12:00	0.200	60.910	59.980	
	2011-04-29 12:00	0.050	60.760	59.870	
	2011-04-29 20:00	0.120	60.640	59.730	31
	2011-05-08 08:00	0.040	58.010	57.940	
	2011-05-08 10:00	全开	57.950	57.920	
北拒马河	2011-04-28 12:00	0.420	59.844	59.610	
	2011-04-29 08:00	0.340	59.864	59.650	
	2011-04-30 08:00	0.550	59.424	59.390	15
	2011-05-08 08:00	0.100	56.849	56.805	
	2011-05-08 10:00	全开	56.824	56.775	

（4）入京流量变化趋势如图 11.2 所示。

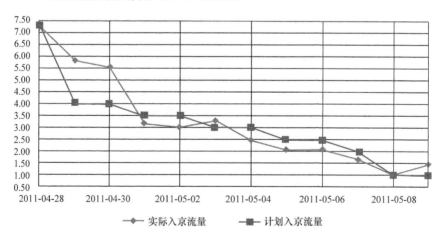

图 11.2　第二次调水退水阶段入京流量变化趋势图

由图 11.2 可以看出，实际入京流量变化趋势与计划流量变化趋势基本一致，入京流量随时间变化呈缓慢递减状态，流量变幅符合计划要求。

11.2.3 第三次退水

第二次退水时间是从 2012 年 7 月 16 日开始到 2012 年 7 月 31 日结束,总历时 356h。

(1) 通过选取退水阶段各闸门 00:00 到次日 00:00 的水位数据,计算出退水阶段每日各个闸门水位变化如表 11.7 所示。

表 11.7　闸前水位变化量　　　　　　　　　(单位:m)

时间	漠道沟	放水河	蒲阳河	岗头	北易水	坟庄河	北拒马河
2012-07-16	0.04	0.04	−0.06	−0.01	−0.01	0	0
2012-07-17	0.28	0.25	0.25	0.12	−0.06	−0.07	−0.12
2012-07-18	0.2	0.25	0.21	0.3	0.35	0.4	0.225
2012-07-19	0.335	0.31	0.34	0.28	0.17	0.24	0.335
2012-07-20	0.25	0.29	0.2	0.32	0.35	0.245	0.04
2012-07-21	0.265	0.27	0.35	0.26	−0.2	−0.23	−0.275
2012-07-22	0.185	0.34	0.28	0.29	0.37	0.26	0.01
2012-07-23	0.43	0.42	0.32	0.51	0.19	0.015	−0.25
2012-07-24	0.335	0.34	0.38	0.05	−0.06	−0.115	−0.115
2012-07-25	0.38	0.31	0.26	0.27	0.28	0.11	0.018
2012-07-26	0.465	0.42	0.22	0.37	0.14	0.015	−0.043
2012-07-27	0.025	0.15	0.04	0.28	0.07	0.075	0.105
2012-07-28				0.38	0.3	0.26	0.245
2012-07-29				0.15			0.315
2012-07-30							0.08
2012-07-31							−0.045

注:表中正数表示下降幅度,负数表示上涨幅度。

通过上表可以发现各个闸门闸前水位均存在每天降幅超过 0.3m 的情况,不过工程运行没有出现险情。

(2) 参与退水阶段调度的各个闸门情况如表 11.8 所示。

表 11.8　各个闸门参与调度历时

闸门	开始时间	结束时间	历时/h
漠道沟	2012-07-16 12:00	2012-07-27 08:00	260.00
放水河	2012-07-16 12:00	2012-07-27 08:00	260.00
蒲阳河	2012-07-16 12:00	2012-07-27 08:00	260.00

闸门	开始时间	结束时间	历时/h
岗头	2012-07-16 12:00	2012-07-29 07:00	307.00
北易水	2012-07-16 12:00	2012-07-28 15:00	291.00
坟庄河	2012-07-16 12:00	2012-07-28 15:00	291.00
北拒马河	2012-07-16 12:00	2012-07-31 08:00	356.00

调度顺序依次为:漠道沟、放水河、蒲阳河、北易水、坟庄河、岗头、北拒马河。

(3) 各个闸门开度情况和闸门调节次数如表 11.9 所示。

表 11.9　各个闸门开度情况和闸门调节次数

节制闸	时间	开度/m	闸前水位/m	闸后水位/m	调节次数
漠道沟	2012-07-16 12:00	0.380	69.751	69.117	38
	2012-07-18 10:00	0.050	69.351	68.614	
	2012-07-19 02:00	0.100	69.201	68.454	
	2012-07-27 08:00	0.02	66.561	66.372	
放水河	2012-07-16 12:00	0.230	69.041	67.560	45
	2012-07-18 00:00	0.070	68.751	67.340	
	2012-07-19 10:00	0.120	68.391	67.090	
	2012-07-27 08:00	0.060	65.651	65.440	
蒲阳河	2012-07-16 12:00	0.210	67.511	65.765	55
	2012-07-18 04:00	0.040	67.271	65.255	
	2012-07-23 15:00	0.100	65.771	64.885	
	2012-07-27 08:00	0.190	64.721	64.625	
岗头	2012-07-16 12:00	0.330	65.290	62.810	64
	2012-07-18 08:00	0.100	65.060	62.470	
	2012-07-19 14:00	0.200	64.750	62.370	
	2012-07-29 07:00	0.080	61.720	61.490	
北易水	2012-07-16 12:00	0.600	61.930	61.360	42
	2012-07-19 02:00	0.310	61.660	60.960	
	2012-07-25 20:00	0.51	60.580	60.460	
	2012-07-28 15:00	全开	60.210	60.210	

续表

节制闸	时间	开度/m	闸前水位/m	闸后水位/m	调节次数
坟庄河	2012-07-16 12:00	0.530	61.206	60.392	
	2012-07-19 06:00	0.340	60.791	60.062	
	2012-07-23 14:00	0.530	60.261	60.052	34
	2012-07-28 14:00	0.810	60.141	60.072	
	2012-07-28 15:00	全开	60.111	60.077	
北拒马河	2012-07-16 12:00	0.800	60.114	59.70	
	2012-07-19 08:00	0.500	59.844	59.315	
	2012-07-23 14:00	全开-全关	59.989	59.910	13
	2012-07-31 08:00	0.800	59.589	58.690	

（4）入京流量变化的趋势如图 11.3 所示。

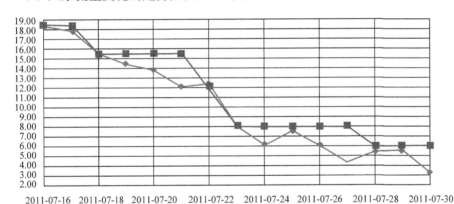

图 11.3　第三次调水退水阶段入京流量变化趋势图

从图 11.3 可以看出,实际入京流量变化趋势与计划流量变化趋势基本一致,入京流量随时间变化呈缓慢递减状态,流量变幅符合计划要求。

11.3　本 章 小 结

三次退水过程中,第一次退水由于退水过程不连续,入京流量和计划流量差别较大,调度数据不完整;第二次退水由于不是全渠道退水,情况特殊,不能作为全渠段的参考;第三次退水是全渠道退水,且入京流量变化和北京计划需水流量比较符合,满足了供水要求,闸门操作合理,可以作为退水阶段调度参考。下面主要以第三次退水过程的调度进行退水阶段总结。

　　(1) 入京流量从开始时的 18.34 m^3/s 减小到结束时的 3.34 m^3/s,退水阶段总历时 16d,实际入京流量变化过程和计划流量的趋势基本一致,调度过程比较合理。

　　(2) 退水初期,所有闸门同时下调到较小的开度,随后根据调节顺序依次调大闸门开度。退水后期,漠道沟、放水河、蒲阳河、岗头节制闸逐渐调小开度,以关闭闸门形式结束退水;北易水、坟庄河、北拒马河节制闸把开度逐渐调至最大,以大开度结束退水过程。

　　(3) 闸门调节顺序:沿着渠道自上游到下游依次为漠道沟节制闸、放水河节制闸、蒲阳河节制闸、岗头节制闸、北易水节制闸、坟庄河节制闸、北拒马河节制闸。

　　(4) 根据退水阶段调度要求,水位降幅每天不宜超过 0.3m,以保证工程运行安全,但在实际调度过程中为了控制流量而多次出现闸前水位每天降幅超过 0.3m 的情况,没有对工程安全造成危险,不过控制水位降幅不宜过大依然是我们今后调度过程中需要遵循的原则。

第 12 章　结论及建议

南水北调是解决我国北方地区水资源严重短缺的重大战略性工程,中线干线工程是南水北调工程规划的线路之一,将于 2014 年汛后实现全线通水目标。由于工程南北跨度大、供水范围广,各水系水资源的时空变化差异使得供水需求变化大,工程运行工况复杂,系统流量调节与控制难度很大。京石段工程作为南水北调中线干线工程先期投入运行的项目,自 2008 年 9 月至今京石段工程已 4 次向北京市应急供水,累计入京水量超过 16 亿 m³。在中线正式通水前,京石段工程的率先运行,不仅是检验南水北调中线运行管理的演习,更是即将到来的全线运行管理的试验场。经过 5 年多的调度运行,京石段工程积累了大量宝贵的调度数据和经验,对这些资料进行深入研究总结对全线的调度运行有着重要的指导意义。

本研究通过应用水力学、水文学及统计学等原理,采取数值模拟计算、人工神经网络方法、数据挖掘技术、回归分析等方法进行相互融合,开展了水流波速分析、稳定调度状态分析、渠道水量损失率分析、充水阶段规律分析、汛期调度阶段规律分析、冰期调度阶段规律分析、退水阶段规律分析等方面的研究,取得了一些有价值的成果。

12.1　结　　论

主要结论如下。

（1）从历年调度数据表中的大量数据,筛选出能够便于分析各个渠段水流传播速度的数据,利用非线性回归法建立起京石段各渠段的流量变化与传播时间的关系。

（2）运用最小二乘法、神经网络法分析京石段第四次输水放水河、坟庄河、北拒马河、沙河(北)节制闸的流量、水位、闸门开度等数据,建立了闸门开启程度、流量系数与水头之间的关系。

（3）对南水北调中线京石段冰期运行输水损失进行分析,得到了入渠流量与输水损失率的关系为 $y = -0.0004x^2 - 0.0024x + 0.2017$。在冰期运行时,入渠流量越大,输水损失率越小,且冰盖期的输水损失率最大。对南水北调京石段非汛期输水正常运行输水损失进行分析,得到了入渠流量与输水损失率的关系为 $y = 0.0106x^2 - 0.3047x + 2.2388$。所以在非汛期输水正常运行时,入渠流量越大,输水损失率越小,而在汛期入渠流量与输水损失率关系不明显。

(4) 通过对充水阶段的调度分析得出,采用边充水边供水的方式较好,充水阶段总用时平均为 8 天,一般是前 4~5 天进行大开度冲渠,大约第 5~6 天北拒马河节制闸打开向北京供水。其调度流程为:①关闭北易水节制闸和北拒马河节制闸,打开其他所有节制闸,由黄壁庄水库放水,水头到达石津引水闸,引水闸保持开度2m 直到充水结束,而其他闸门全开,进行大开度充水。②当水头到达北易水节制闸时,先通过退水闸排放洗渠污水,而后再将节制闸全开继续充水;水头到达北拒马河退水闸时,打开闸门排放洗渠污水,排完之后关闭退水闸,等北拒马河节制闸前水位距目标水位 0.194m 时,打开节制闸,开度 0.13m 向北京供水。③逐步减小磁河到北拒马河 8 个节制闸开度,使各节制闸闸前水位依次达到目标控制水位,充水阶段结束。

(5) 分析了历史调度运行状况及 2008~2012 年汛期输水运行规律,在汛期,工程在汛期调度运行时应遵循以下原则:①本次工程中岗头节制闸处在高填方段,水位过高容易造成安全隐患,因此当该闸前水位过高时就需要关小其上游的闸门、调大其下游的闸门以控制水位,使该闸水位不会过高影响渠道的安全。②在某一渠段水位已经偏高的情况下,若发生不同重现期的暴雨时,要根据降雨预报获取的降雨信息,分析降雨对渠道水位上涨的影响程度,可考虑减少入渠水量,视情况调节各闸门开度。在降雨过程中要注意观测降雨量及渠道水位,根据工程的特性如高填方段及深挖方段和渠段蓄水能力调节闸门的开度,控制水位。当水位持续上涨,居高不下,必要时要考虑开启退水闸。③在今后的输水运行过程中,当 24 小时内发生不同重现期的降雨时可以参照研究中给出的各闸的闸前控制水位对水位相应作出调整,以防止降雨后水位上涨过高对渠道的安全造成严重的影响。

(6) 冰期目标水位生成阶段一般发生时间为 12 月上旬~12 月中旬,流冰阶段一般发生在 12 月中旬~12 月下旬;冰盖形成阶段一般发生在 12 月下旬~次年 1月上旬;冰盖下输水阶段一般发生在次年 1 月中旬~次年 2 月中旬;融冰阶段一般发生在次年 2 月中旬~3 月上旬。冰期输水调度过程中,水位偏离目标水位要控制到 20cm 以内,流速均控制到 0.3m/s 以内,弗劳德数应小于 0.06。四次冰期输水以第四次最为理想,其冰盖形成时间短,冰盖下输水历时长,水位变幅小。

(7) 在退水阶段,水位降幅每天不宜超过 0.3m,以保证工程安全运行。在退水过程中,尽可能在满足降幅约束的前提下,以较大流量向北京供水。随着水位的降低,由于断面越来越窄,降速越来越快,需要实时下调沿线各闸门开度,确保工程安全。因此各渠段最深的水深是确定退水时间长短的制约因素。

12.2 建 议

几点建议如下。

（1）数据是规律总结的基础，目前虽然积累了大量的数据，但可用于特定规律总结数据不多，如在研究水流传播规律时候，需要选择上游节制闸调整，但下游节制闸未有调整的数据较少；再如，受到北京供水流量的限制，在研究过闸流量时，可选择的流量范围较小。建议在今后的调度运行中，保障运行安全和平稳输水的条件下，人为制造调试工况，积累数据。

（2）随着调度运行时间的持续，数据积累越来越多，调度规律的总结可定期进行。建议开展相关数据挖掘、知识生成的项目研究，研发相关计算机程序对不断更新的数据进行自适应计算，自动得出各项规律。

（3）除了正常运行调度的规律总结外，应急情况下的调度也至关重要，建议专门分类开展各项应急调度专项研究。

参 考 文 献

[1] 王瑗,盛连喜,李科,等.中国水资源现状分析与可持续发展对策研究[J].水资源与水工程学报,2008,19(3):10-14.

[2] 李善同,许新宜.南水北调与中国发展[M].北京:经济科学出版社,2004.

[3] 张修真,等.南水北调:中国可持续发展的支撑工程[M].北京:中国水利水电出版社,1999.

[4] 沈洪.国外调水工程纵横谈[J].四川水利,2000,21(5):56-58.

[5] 沈佩君,邵东国,郭元裕.国内外跨流域调水工程建设的现状与前景[J].武汉水利电力大学学报,1995,28(5):463-469.

[6] 郑连弟.世界上的跨流域调水工程[J].南水北调与水利科技,2003,1(增刊):8-9.

[7] 杨立信.国外调水工程[M].北京:中国水利水电出版社,2003.

[8] 徐元明.国外跨流域调水工程建设与管理综述[J].人民长江,1997,28(3):13-15.

[9] 姿广艳,周孝德,韩娜娜.调水工程的发展及趋势[J].水利发展研究,2004,4(9):43-45.

[10] 郭潇,方国华.跨流域调水工程概述[M].北京:中国水利水电出版社,2010.

[11] 李占英.梯级水电站群径流随机模拟及中长期优化调度[D].辽宁:大连理工大学,2007.

[12] 方神光,吴保生.南水北调中线干渠闸前变水位运行方式探讨[J].水动力学研究与进展,2007,22(5):633-639.

[13] 方神光,吴保生.南水北调中线输水渠道中节制闸影响研究[J].水利水电科技,2008,39(2):32-39.

[14] 丁志良,谈广明,陈立,等.输水渠道中闸门调节速度与水面线变化研究[J].南水北调与水利科技,2005,3(6):46-50.

[15] 王长德,韦直林,张礼卫.上游常水位自动控制渠道明渠非恒定流动态边界条件[J].水利学报,1995,26(2):46-57.

[16] 王长德.灌溉渠道水力自动闸门的运行稳定问题[J].武汉水利电力学院学报,1982,13(4):25-33.

[17] 阮新建,杨芳,王长德.渠道运行控制数学模型及系统特性分析[J].灌溉排水学报,2002,21(1):40-44.

[18] 王念慎,郭军,董兴林.明渠瞬变流最优等容量控制[J].水利学报,1989,20(12):12-20.

[19] 范杰,王长德,管光华,等.渠道非恒定流水力学响应研究[J].水科学进展,2006,17(1):54-59.

[20] 章晋雄,牛争鸣.南水北调中线输水渠道系统的仿真研究[J].系统仿真学报,2002,14(12):1588-1590+1594.

[21] 吴泽宇,周斌.南水北调中线渠道控制计算模型[J].人民长江,2000,31(5):10-11.

[22] 李日滏,李苣花.高坝平板闸门闸孔恒定自由出流流量系数研究[J].武汉水利电力大学学报,1996,29(6):16-20.

[23] 毛舒娅.平板闸门小开度流量系数研究与闸后水流数值模拟分析[D].昆明:昆明理工大学,2011.

[24] 李玲,陈永灿,谭谦.水力学文丘里流量计实验教学的改进[J].实验技术与管理,2013,30(7):171-172,184.

[25] 王涌泉.壩上孔流系数[J].水利学报,1958(3):77-89.

[26] 毛昶熙.堰闸隧洞的泄流能力计算公式商榷[J].水利学报,1999(10):38-44.

[27] 吴宇峰.泄水涵洞中平板闸门流量系数的试验研究[J].水利水电技术,2011,42(6):98-100.

[28] 董文军,姜亨余,喻文唤.一维水流方程中曼宁糙率的参数辨识[J].天津大学学报,2001,34(2):201-204.

[29] 李光炽,周晶晏,张贵寿.用卡尔曼滤波求解河道糙率参数反问题[J].河海大学学报(自然科学版),2003,31(5):490-493.

[30] 程伟平,毛根海.基于带参数的卡尔曼滤波的河道糙率动态反演研究[J].水力发电学报,2005,24(2):123-127.

[31] Michael D P,Song T W. The effects of water surface profiles on manning's roughness coefficient[C]. North American Water and Environment Congress,ASCE,1996.

[32] Nepf H M. Drag,turbulence,and diffusion in flow through emergent vegetation[J]. Water Resources Research,1999,35(2):479-489.

[33] Cowan W L. Estimating hydraulic roughness coefficients[J]. Agricultural Engineering,1956,(7):473-475.

[34] Chow V T. Open channel hydraulics[M]. New York:McGraw-Hill Book Company,1959.

[35] Strickler A. Beitrager zur frage der geschwindigheits-formel under rauhegkeiszahlen fur strome,kanale and geschlossene leitungen[D]. Bern:Mitt Eidgeno Assischen Amtes Wasserwirtschaft,1923.

[36] 张丽霞,常玉祥.推算松花江水面线时糙率值的确定[J].吉林水利,2002(2):31-33.

[37] 许光祥.河道整治后糙率估算方法的探讨[J].重庆交通学院学报,1998,17(1):25-29.

[38] 都建新,王伟明.渠道糙率研究的重要意义[J].黑龙江水利科技,2012,40(7):20-21.

[39] 谭维炎.计算潜水动力学:有限体积法的应用[M].北京:清华大学出版社,1998.

[40] 何建京,王惠民.流动型态对曼宁糙率系数的影响研究[J].水文,2002,22(6):22-24.

[41] 齐鄂荣,罗昌.库区河道非恒定流糙率的选取及特性[J].武汉大学学报(工学版),2003,36(2):1-5.

[42] 姜志群,王佩兰.河道洪水演进有限差分模型糙率系数的率定[J].水文,1996(6):56-58.

[43] 张小琴,包为民,梁文清,等.河道糙率问题研究进展[J].水力发电,2008,34(6):98-100.

[44] 佘伟伟,李艳红,喻国良.含淹没植物的水流阻力试验研究[J].水利水电技术,2010,41(3):24-28.

[45] 袁世琼.天然河道的糙率计算[J].水电站设计,1997,13(1):84-87+83.

[46] 曾祥,黄国兵,段文刚.混凝土渠道糙率调研综述[J].长江科学院院报,1999,16(6):1-4.

[47] 王光谦,黄跃飞,魏加华,等.南水北调中线工程总干渠糙率综合论证[J].南水北调与水利

科技,2006,4(1):8-14.

[48] 杨开林,汪易森.渠道糙率率定误差分析[J].水利学报,2012,43(6):639-644.

[49] 王开,魏加华,王光谦.大型渠道糙率系数设计取值的不确定性及影响分析[J].应用基础与工程科学学报,2008,16(6):870-878.

[50] 王澄海,王蕾迪.西北半干旱区感、潜热通量特征及近50年来的变化趋势[J].高原气象,2010,29(4):849-854.

[51] 赵振国,朱艳峰,柳艳香,等.1880—2006年中国夏季雨带类型的年代际变化特征[J].气候变化研究进展,2008,4(2):95-100.

[52] 胡江玲,武胜利,金海龙,等.艾比湖流域近48年来降水变化特征分析[J].干旱区资源与环境,2010,24(9):94-99.

[53] 栾兆擎,章光新,邓伟,等.三江平原50a来气温及降水变化研究[J].干旱区资源与环境,2007,21(11):39-43.

[54] 刘慧荣,周维博,李云排,等.清涧河流域近50年降水变化特征分析[J].水资源与水工程学报,2013,24(5):124-127+130.

[55] Hirsch J E. An index to quantify an individual's scientific research output[J]. Proceedings of the National Acadeny of Sciences of the USA,2005,102(46):16567-16572.

[56] Sang Y F. Period identification in hydrology time series using empirical mode decomposition and maximum entropy spectral analysis[J]. Journal of Hydrology,2012,4(25):154-164.

[57] Singh P V. Entropy-Based Parameter Estimation in Hydrology[M]. Boston:Kluwer Academic Publishers,1988.

[58] Kumar S,Sharma V,Kishor K. Numerical and analytical investigations of thermosolutal instability in rotating Rivlin-Ericksen fluid in porous medium with Hall current[J]. Applied Mathematics & Mechanics,2013,34(4):501-522.

[59] Labat D. Wavelet analysis of the annual discharge records of the world's largest rivers. [J]. Advances in Water Resources,2008,31(1):109-117.

[60] Schaefli B,Maraun D,Holschneider M. What drives high flow events in the Swiss Alps? Recent developments in wavelet spectral analysis and their application to hydrology[J]. Advances in Water Resources,2007,30(12):2511-2525.

[61] 陈家琦,王浩,杨小柳.水资源学[M].北京:科学出版社,2002.

[62] 柴晓玲,郭生练,周芬,等.无资料地区径流分析计算方法研究[J].中国农村水利水电,2005,2(5):20-22.

[63] 柴晓玲,郭生练,彭定志,等.IHACRES模型在无资料地区径流模拟中的应用研究[J].水文,2006,26(2):30-33.

[64] 刘昌明,白鹏,张丹,等.基于HIMS的稀缺资料地区径流估算[C].中国水文科技新发展:2012中国水文学术讨论会论文集,2012.

[65] 桑燕芳,王中根,刘昌明.水文时间序列分析方法研究进展[J].地理科学进展,2013,32(1):20-29.

[66] 鱼京善,王国强,刘昌明.基于GIS系统和最大熵谱原理的降水周期分析方法[J].气象科

学,2004,24(3):277-284.

[67] 甘衍军,李兰,杨梦斐. SCS 模型在无资料地区产流计算中的应用[J]. 人民黄河,2010, 32(5):30-31.

[68] 张建云,何惠. 应用地理信息进行无资料地区流域水文模拟研究[J]. 水科学进展,1998, 9(4):34-39.

[69] Goodchild M F,Lam N S N. Areal interpolation:a variant of the traditional spatial problem[J]. Geo-processing,1980,(1):297-312.

[70] 张平,赵敏,郑垂勇. 南水北调东线受水区水资源优化配置模型[J]. 资源科学,2006,28(5): 87-94.

[71] 高安泽. 南水北调中线京石段应急供水工程[A]//北京"水与奥运"学术研讨会论文集,2003.

[72] 蔡乐,杨启涛,薛燕,等. 南水北调中线京石段应急供水可调水量研究[J]. 北京水务,2013 (1):27-30.

[73] Song T,Lemmin U,Graf W H. Uniform-flow in open channels with movable gravel-bed[J]. Journal of Hydraulic Research,1994,32(6):861-876.

[74] Telionis D P. Unsteady Viscous Flows[M]. New York:Springer-Verlag,1981.

[75] 童秉纲,张秉暄,崔尔杰. 非定长流与涡运动[M]. 北京:国防工业出版社,1993.

[76] 王常红. 长距离输水隧洞水力特性数值模拟研究[D]. 天津:天津大学,2008.

[77] Strelkoff T S,Deltour J L,Burr C M,et al. Influence of canal geometry and dynamics on controllability[J]. Irrigation and Drainage Engineering,1998,124(1):16-22.

[78] Yen B C. Open channel flow equations revisited[J]. Journal of the Engineering Mechanics Division,1973,99(10):979-1009.

[79] 黄东,郑国栋,郑邦民. 明渠非恒定流的数值模拟[J]. 工程设计 CAD 与智能建筑,1999 (10):16-19.

[80] 武鑫奇. 七里河人工河道洪水演进数值模拟研究与计算[D]. 郑州:华北水利水电大学,2014.

[81] 周琼. 南水北调中线总干渠河南段非恒定流数值模拟研究[D]. 郑州:郑州大学,2007.

[82] 吴持恭. 水力学下册[M]. 北京:高等教育出版社,2008.

[83] Tu H. Velocity distribution in unstead flow over gravel beds [D]. Lausanne:EPFL,1991.

[84] 孙东坡,丁新求. 水力学[M]. 郑州:黄河水利出版社,2009.

[85] Graf W H,Altinakar M S. 河川水力学[M]. 成都:成都科技大学出版社,1997.

[86] French R H. Open-channel Hydraulics[M]. New York:McGraw-Hill Inc,1985.

[87] 罗景. 明渠非恒定流的有关特性及应用.[D]武汉:武汉大学,2004.

[88] 万五一. 长距离输水系统的非恒定流特性研究[D]. 天津:天津大学,2004.

[89] 王海潮,蒋云钟,鲁帆,等. 国外跨流域调水工程对南水北调中线运行调度的启示[J]. 水利水电科技进展,2008,28(2):79-83.

[90] 廖伟明,罗剑,周斌. 最小二乘法在水文参数率定中的应用[J]. 广东水利水电,2012(12): 41-42,45

[91] 吴新根,葛家理. 人工神经网络在回归分析中的应用[J]. 计算机工程,1995,16(04):43-46.

[92] 辛大欣,王长元,肖峰. BP 神经网络在回归分析中的应用研究[J]. 西安工业学院院报,2002,22(2):129-135.

[93] 黄会勇. 南水北调中线总干渠水量调度模型研究及系统开发[D]. 北京:中国水利水电科学研究院,2013.

[94] 马一鸣. 南水北调京石段稳定调度期有关参数分析[D]. 郑州:华北水利水电大学,2015.

[95] Dunn S M,Mackay R. Spatial variation in evapotranspiration and influence of land use on catchment hydrology[J]. Journal of Hydrology,1975,24(17):49-73.

[96] 穆祥鹏,陈文学,崔巍. 南水北调中线干渠冰期输水能力研究[J]. 南水北调与水利科技,2009,7(6):118-122.

[97] 王玲玲. 南水北调中线总干渠节制闸控制运行方式研究[D]. 郑州:郑州大学,2010.

[98] 王栋,朱元甡. 基于 MEM1 谱分析的水文时间序列隐含周期特性研究[J]. 水文,2002,22(2):19-23.

[99] 王恩荣,耿鸿江. 黑龙江省主要江河水文要素的周期分析[J]. 水文,1995,10(1):42-53.

[100] 丁晶,邓育仁. 随机水文学[M]. 成都:成都科技大学出版社,1988:41-50.

[101] 刘攀,郭生练,肖义,等. 水文时间序列趋势和跳跃分析的再抽样方法研究[J]. 水文,2007,27(2):49-53.

[102] 张小琴,施作林,徐佳霞,等. 水文时间序列分析方法在水文长期预报中的应用[J]. 甘肃水利水电技术,2010,46(6):5-6.

[103] 王文川. 工程水文学[M]. 北京:中国水利水电出版社,2013.

[104] 叶守泽. 水文水利计算[M]. 北京:中国水利水电出版社,2003.

[105] 易淑珍,王钊. 水文时间序列周期分析方法探讨[J]. 水文,2005,25(4):26-29.

[106] 占车生,乔晨,徐宗学,等. 渭河流域近 50 年来气候变化趋势及突变分析[J]. 北京师范大学学报,2012,48(4):399-405.

[107] 张丹,周惠成. 大凌河流域上游水资源变化趋势及成因研究[J]. 水文,2011,31(4):81-87.

[108] 张建兴,马孝义,屈金娜,等. 晋西昕水河径流变化特征及其成因分析[J]. 水文,2008,28(1):80-83.

[109] 张少文. 黄河流域天然年径流变化特性分析及其预测[D]. 成都:四川大学,2005.

[110] 于延胜,陈兴伟. R/S 和 Mann-Kendall 法综合分析水文时间序列未来的趋势特征[J]. 水资源与水工程学报,2008,19(3):41-44.

[111] Mandelbrot B B. Statistical methodology for no periodic cycles:from the covariance to R/S analysis[J]. Annals of Economic and Social Measurement,1972,1(12):257-288.

[112] 谢平,陈广才,雷红富. 基于 Hurst 系数的水文变异分析方法[J]. 应用基础与工程科学学报,2009,17(1):32-39.

[113] 谢平,雷红富,陈广才,等. 基于 Hurst 系数的流域降雨时空变异分析方法[J]. 水文,2008,28(5):6-10.

[114] 秦年秀,姜彤,许崇育. 有详细突变公式长江流域径流趋势变化及突变分析[J]. 长江流域资源与环境,2005,14(5):589-594.

[115] 邵骏,袁鹏,李秀峰,等. 基于最大熵谱估计的水文周期分析[J]. 中国农村水利水电,2008, 12(1):31-33.

[116] 洪兴骏,郭生练,王乐,等. 基于最大熵原理的水文干旱指标计算方法研究[J]. 南水北调与 水利科技,2018,16(2):93-99.

[117] Burg J P. Maximum entropy spectral analysis[C]. Presented at the 37th Ann Int Meet Soc. Explore Geophysics,Oklahoma City,1967:133-140.

[118] 赵雪花,黄强,吴建华. 极大熵谱在径流时间序列周期分析中的应用[J]. 太原理工大学学 报,2007,38(6):540-542.

[119] 胡文广. 大地电磁测深张量阻抗最大熵谱法估计研究[D]. 荆州:长江大学,2012.

[120] 李保琦,袁鹏,马妍博. 基于极大熵谱估计的径流周期分析[J]. 西南民族大学学报(自然科 学版),2014,40(1):120-123.

[121] Kumar P,Foufoula-Georgiou E. Wavelet analysis for geophysical applications[J]. Reviews of Geophysics,1997,5(4):231-234.

[122] 王晓琳. 基于小波分析的邯郸山区水文特性分析与预测[D]. 邯郸:河北工程大学,2012.

[123] 李森,夏军,陈社明,等. 北京地区近 300 年降水变化的小波分析[J]. 自然资源学报,2011, 26(6):1001-1010.

[124] 黄健. 基于小波理论的呼伦湖流域水文序列随机分析[D]. 呼和浩特:内蒙古农业大 学,2011.

[125] 王文圣,丁晶,向红莲. 小波分析在水文学中的应用研究及展望[J]. 水科学进展,2002,13 (4):515-520.

[126] 邵晓梅,许月卿,严昌荣. 黄河流域降水序列变化的小波分析[J]. 北京大学学报(自然科学 版),2006,1(1):25-31.

[127] 彭玉华. 小波变换与工程应用[M]. 北京:科学出版社,1999.

[128] 李占杰,鱼京善. 黄河流域降水要素的周期特征分析[J]. 北京师范大学学报,2010,46(3): 401-404.

[129] 黄强. 华北夏季持续强降水特征及机制分析[D]. 甘肃:兰州大学,2013.

[130] 陈先明. 城市化进程中南昌市降雨特征变化研究[D]. 南昌:南昌大学,2013.

[131] 张晓瑞,周国艳. 城市防洪减灾的规划对策研究[J]. 南方建筑,2009(6):71-73.

[132] 蒋金珠. 工程水文及水利计算[M]. 北京:中国水利水电出版社,2003.

[133] 张允. 西安市近 55 年来降水的多时间尺度分析[J]. 中国农业气象,2008,29(4):406-410.

[134] 刘德地,李梅,楼章华,等. 近 50 年来浙江省降雨特性变化分析[J]. 自然资源学报,2009, 24(11):1973-1983.

[135] 康玲,杨正祥,姜铁兵. 基于 Morlet 小波的丹江口水库入库流量周期性分析[J]. 计算机工 程与科学,2009,31(11):149-152.

[136] 钱易. 我国水污染现状分析及其控制策略[C]. 第三届环境与发展中国论坛论文集,2007: 12-17.

[137] 张曙光. 中国水污染现状与防治对策[J]. 现代农业科技,2010(7):313-315.

[138] 张利平,夏军,胡志芳. 中国水资源状况与水资源安全问题分析[J]. 长江流域资源与环境,

2009,18(2):116-120.

[139] 王家枢. 水资源与国家安全[M]. 北京:地震出版社,2002.

[140] 陆智. 资料稀缺地区地表年径流量计算方法研究[D]. 乌鲁木齐:新疆大学,2008.

[141] 赵志轩. 缺资料流域水文预报 PUB 及其在唐家山堰塞湖排险中的应用[D]. 天津:天津大学,2009.

[142] 杨文凯. 浅谈无正常年径流量资料的几种实用计算方法及实例[J]. 中国水运,2008,8(5):154-155.

[143] 黄剑竹. 临沧市无资料地区径流量计算方法探讨[J]. 普洱学院学报,2013,29(6):35-38.

[144] 宋孝玉,马细霞. 工程水文学[M]. 郑州:黄河水利出版社,2009.

[145] Schake J C. Generalized low-flow frequency relationships for ungaged sites in Massachusetts[J]. Water Resource Bulletin,1967,26(2):241-253.

[146] 彭定志,游进军. 改进的 SCS 模型在流域径流模拟中的应用[J]. 水资源与水工程学报,2006,17(1):20-24.

[147] 周翠宁,任树梅,闫美俊. 曲线数值法 SCS 模型在北京温省略河流域降雨径流关系中的应用研究[J]. 农业工程学报,2008,24(3):87-90.

[148] 孙殿晖,祈金峰,高树天. 地区综合法确定无资料地区小流域洪水流量设计[J]. 吉林农业,2010,32(6):192-194.

[149] 邵利萍,许月萍,江锦红,等. 无资料小流域不同暴雨频率计算方法的比较[J]. 水文,2009,29(3):37-40.

[150] 肖义,郭生练,方彬,等. 设计洪水过程线方法研究进展与评价[J]. 水力发电,2006,32(7):61-63.

[151] 尚松浩. 水资源系统分析方法及应用[M]. 北京:清华大学出版社,2007.

[152] Hosking J R M. L-moments:Analysis and estimation of distributions using linear combination of order statistics[J]. Journal of the Royal Statistical Society,1990,Series B(52):105-124.

[153] 万飚,高仕春,付湘,等. 水文频率分析的线性矩法实用化研究[J]. 中国农村水利水电,2009,22(6):62-66.

[154] 王家祁,胡明思. 中国短历时暴雨统计参数等值线图的编制[J]. 水文,1984,2(5):1-7.

[155] 周芬. 设计洪水估算方法的比较研究[D]. 武汉:武汉大学,2004.

[156] 河北省水利厅勘测设计院,河北省水文总站. 河北省中小流域设计暴雨洪水图集[R]. 1985-4.

[157] 穆祥鹏,陈文学,崔巍,等. 南水北调中线工程冰期输水特性研究[J]. 水利学报,2011,42(11):1295-1301.

[158] 范北林,张细兵,蔺秋生. 南水北调中线工程冰期输水冰情及措施研究[J]. 南水北调与水利科技,2008,6(1):66-69

[159] 杨开林,王涛,郭新蕾,等. 南水北调中线冰期输水安全调度分析[J]. 南水北调与水利科技,2011,9(2):1-4

[160] 赵嘉诚,韩黎明,王术国. 浅议南水北调中线京石段工程冰期输水技术[J]. 南水北调与水

利科技,2009,7(5):37-39

[161] 穆祥鹏,陈文学,崔巍.长距离输水渠道冰期运行控制研究[J].南水北调与水利科技,
　　　　2010,8(1):8-13

[162] 严增才,吴新玲.南水北调中线工程冰期输水原型观测与冰情分析[J].河北水利,2008
　　　　(04):28-29.